高等学校教师教育规划教材

数 学

学习与评价

一年级

上册

主 编 董林伟
编写人员（按姓氏笔画排列）
王朝阳　孙风建　朱永厂
刘洪璐　张 萍　陈新宁

南京大学出版社

图书在版编目(CIP)数据

数学·学习与评价. 一年级. 上册 / 董林伟主编
. —南京：南京大学出版社，2019.8(2022.8重印)
ISBN 978-7-305-22493-5

Ⅰ. ①数… Ⅱ. ①董… Ⅲ. ①数学－高等师范院校－
教学参考资料 Ⅳ. ①O1

中国版本图书馆 CIP 数据核字(2019)第 146803 号

出版发行　南京大学出版社
社　　址　南京市汉口路 22 号　　　邮　编　210093
出版人　金鑫荣

书　名　数学·学习与评价　一年级　上册
主　编　董林伟
责任编辑　田　甜　吴　汀　　　编辑热线　025-83595840

照　排　南京开卷文化传媒有限公司
印　刷　南京人民印刷厂有限责任公司
开　本　787×1092　1/16　印张 8.75　字数 202 千
版　次　2019 年 8 月第 1 版　2022 年 8 月第 4 次印刷
ISBN 978-7-305-22493-5
定　价　32.00 元

网　　址：http://www.njupco.com
官方微博：http://weibo.com/njupco
官方微信号：njupress
销售咨询热线：(025)83594756

目　录

第一章　集合与简易逻辑

1.1　集合的含义及其表示

1.1.1　集合的概念

学习目标

1. 了解集合的含义；
2. 了解有限集、无限集、空集的意义；
3. 掌握常用数集及其记法；
4. 体会元素与集合的从属关系.

归纳总结

本单元的学习要注意把握以下几个要点：

1. 在现代数学中，"集合"是一个最原始的、不加定义的概念，一般地，某些确定的对象集在一起就构成一个集合，这是一个描述性的"定义"，学习时要注意利用自己已有的数学知识和生活经验，通过列举丰富的实例，理解集合的含义，体会集合中元素与集合的"从属"关系.

2. 集合中的元素是确定的，元素之间是互异的与无序的.

（1）确定性：作为一个集合的元素必须是确定的.就是说，对于给定的集合 A 与对象 a，要么 $a \in A$，要么 $a \notin A$.

（2）互异性：若 $a \in A$ 且 $b \in A$，则 $a \neq b$，即相同对象归入同一个集合时只能算做集合的一个元素，例如，"book 中的字母"构成的集合中有 3 个元素.

（3）无序性：1,2 与 2,1 构成的集合是同一个集合.

3. 在具体情境中，了解有限集、无限集、空集的意义.

（1）有限集：例如，中国人的全体构成的集合；

（2）无限集：例如，直角三角形的集合；

（3）空集：例如，平方值等于 -1 的实数的全体构成的集合.

4. 熟记常用数集的符号：自然数集 $\mathbf{N}$，正整数集 $\mathbf{N}^*$，整数集 $\mathbf{Z}$，有理数集 $\mathbf{Q}$，实数集 $\mathbf{R}$.

复习巩固

1. 下列语句不能确定集合的是： （ ）

A. 2018 年"感动中国"获奖人物的全体　　B. 著名影星的全体

C. 21 世纪地球上活着的恐龙的全体　　D. 大于 10 的整数的全体

2. 有下列集合：① 小于 20 的偶数的集合；② 正方形的集合；③ 方程 $x^2+3x-2=0$ 的解集；④ 我校 2019 年 9 月入学的数学班学生的集合；⑤ 不等式 $2x-6>0$ 的解集. 其中是无限集的集合是＿＿＿＿＿＿＿＿＿（填写序号）.

3. 下列判断正确的是： （ ）

A. $0\in\varnothing$　　　B. $0\notin\mathbf{N}$　　　C. $\sqrt{2}\in\mathbf{Q}$　　　D. $\pi\in\mathbf{R}$

4. 若 1 是方程 $x^2+px-2=0$ 的解集中的元素，求 p 的值及集合 A 中的所有元素.

灵活运用

5. 已知 x^2 是由 $1,0,x$ 构成的集合中的元素，求实数 x 的值.

拓展延伸

6. 实数 a,b 分别满足什么条件时,方程 $ax=b$ 的解集是空集、有限集、无限集?

数学链接

康托尔与集合

　　自从 1871 年集合论的创始人德国大数学家康托尔给出集合的"定义","集合"便成为数学的基本概念之一,其方法渗透到了当代数学思想中,成为整个数学大厦各领域的公共基础.真正理解现代数学的任一分支都需要集合论的知识.近几年,集合论已经成为研究的重要领域.

　　从数学的观点来看,集合是一种技术术语,它含有我们设想的一些特性.这种基于一个对象的直观说明是非正式的对集合的描述,是康托尔直到 19 世纪末才首次提出的,而基于这一观点的集合理论又称为初级集合论.用康托尔自己的话说,"集合正在进入我们的感觉限定的良好定义对象的整体之中,这些对象是集合的元素".本书所涉及的集合都可以视为来自康托尔的理论框架.因此,集合是不同对象的集合,一个集合中的对象称为元素或成员.

　　集合用于把不同的对象分成组,属于一个集合的各对象也需要定义,以便在决定一个具体对象是否属于某一集合时不产生歧义.某一天对一个人来讲可能是冷天,但对另外一个人就不冷,所以"一个月内的冷天"就不能构成集合,同样,"很小的正数"和"好心的人"也不能构成集合.属于一个集合的各个对象不需要具有公共特性,因此,数字"1"、字母"a"和词语"美丽"也可以构成集合 S,可用 $S=\{1,a,$ 美丽 $\}$ 表示.对给定的一个对象,它或者属于或者不属于一个给定的集合,没有其他情况.例如,前 5 个自然数可以构成一个集合,表示为 $\{0,1,2,3,4\}$,任一对象当且仅当它是这 5 个数字之一时才属于这一集合.这 5 个不同的对象在这一表达中可以任何次序出现,换句话说,这一集合也可用 $\{4,3,2,1,0\}$ 来表示.

自我测试

1. 在"① 我们学习的数学课本中的难题;② 所有的正三角形;③ 方程 $x^2+2=0$ 的实数解"中,能够表示集合的是_____.

2. 以下 3 个关系式:
① $0.3 \notin \mathbf{Z}$;② $0 \in \mathbf{N}$;③ 方程 $x^2-2=0$ 的整数解构成的集合不是 $\varnothing$. 其中错误的是_____.

3. 已知 1 是由 $|a+1|,a+2$ 构成的集合的元素,试求实数 a 的值.

4. 在实数 $x,|x|,-x,\sqrt{x^2}$ 中选若干数组成集合 A,A 中元素的个数最多有几个?

5. 若方程 $ax^2-3x+1=0$ 的实数解构成的集合中的元素最多只有一个,求实数 a 的取值范围.

1.1.2 集合的表示方法

学习目标

1. 初步掌握集合的表示方法；
2. 会用自然语言、图形语言、集合语言描述集合.

归纳总结

本单元的学习要注意把握以下几个要点：

1. 列举法和描述法是表示集合的两种常用方法，一般地，无限集不宜采用列举法；用描述法表示集合时，要认清集合中的元素及其具有的属性；有的集合可以用多种方法表示，应根据具体问题进行适当的选择.

2. 能使用 Venn 图表达集合的关系及运算，体会直观图示对理解抽象概念的作用.

 复习巩固

1. 下列判断正确的是 （   ）

A. $0 \in \mathbf{N}^*$

B. $\pi \in \mathbf{Q}$

C. $\dfrac{1}{2} \notin \mathbf{Z}$

D. $\sqrt{5} \in \{x \mid 1 < x < 2\}$

2. 有下列四种说法：① 较小的正数组成一个集合；② 集合 $\{0\}$ 是空集；③ 集合 $\{a, b, c\}$ 与集合 $\{b, c, a\}$ 表示同一个集合；④ 集合 $\{a, b\}$ 的元素不一定是 2 个. 其中正确的说法是 _____.

3. 已知集合 $P = \{2, 4, 1-a\}$，$Q = \{2, a^2 - 2a + 1\}$，若 Q 中的元素都在 P 中，则实数 $a =$ _____.

4. 用描述法表示集合 $A = \{1, 3, 5, 7, 9\}$ 为 _____

_____.

5. 用列举法表示集合 $D = \{(x, y) \mid y = -x^2 + 8, x \in \mathbf{N}, y \in \mathbf{N}\}$ 为 _____.

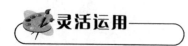

灵活运用

6. 设 $A = \{2, -1, x^2 - x + 1\}$，$B = \{2y, -4, x + 4\}$，若集合 A，B 有 -1，7 两个公共元素，求 x，y 的值.

拓展延伸

7. 设集合 $A = \{x \mid x = 2k, k \in \mathbf{Z}\}$，$B = \{x \mid x = 2k + 1, k \in \mathbf{Z}\}$. 若 $a \in A$，$b \in B$，试判断 $a + b$ 与 A，B 的关系.

"韦恩图"——思维地图

数学链接

约翰·韦恩(John Venn)是十九世纪英国的哲学家和数学家，他在 1881 年发明了用一条封闭曲线直观地表示集合及其关系的图形，这种图形称为韦恩图(也叫文氏图).

现今的数学课本在表示集合或集合与集合之间的关系时往往都会用到简洁明了、直观易懂的韦恩图，用来研究、表示、解决中等数学中的"集合问题". 显然，这是一种以形助数、数形结合的思想方法.

有人称"韦恩图"为"思维地图". 所谓"思维地图"，是指利用图示的方法来表达人们头脑中的概念、思想和理论等，是把人脑中的隐形知识显性化、可视化，便于思考、交流和表达.

图形语言是直观的，集合语言是抽象的，我们应认识到它们"同等重要". 学习数学首先要掌握好集合语言，并会用集合语言表示有关的数学对象. 对刚跨出初中校门的同学们来讲，这并不是一件很容易的事，此时，别忘了"思维地图"——韦恩图，我们只要把集合语言对应的关系用"韦恩图"来表示，枯燥的语言便有了具体的图形来对应，对数学知识的理解和记忆就容易了很多.

✎ 自我测试

1. 下列集合为有限集的是 　　　　　　　　　　　　　　　　　　　　(　)

A. $\{x \mid x$ 为线段 AB 上的点$\}$ 　　　　　B. $\{x \mid x$ 为小于 10 的整数$\}$

C. $\{x \mid x$ 为 18 的正约数$\}$ 　　　　　　D. $\{x \mid \mid x \mid <2\}$

2. 集合 $A=\{x \mid x=2k,k \in \mathbf{Z}\}$，$B=\{x \mid x=2k+1,k \in \mathbf{Z}\}$，又 $a \in A,b \in B$，则下列叙述正确的是(　)

A. $a \cdot b \in A$ 　　　　　　　　　　B. $a \cdot b \notin A$ 且 $a \cdot b \notin B$

C. $a \cdot b \in B$ 　　　　　　　　　　D. $a \cdot b \in A$ 且 $a \cdot b \in B$

3. 用适当的符号填空：① 3 _____ $\{x \mid \mid x-1 \mid <2\}$；② $\left\{a \left| \dfrac{3}{a-1} \in \mathbf{N}\right.\right\}$ _____ $\{x \mid x^2-6x+8=0\}$.

4. 已知 $A=\{x \mid x=2k+1,k \in \mathbf{N}\}$，$B=\{x \mid x$ 是小于 10 的素数$\}$，则由集合 A，B 的公共元素构成的集合用列举法可表示为 _____．

5. 用列举法表示下列集合：$\{(x,y) \mid x^2+y^2=1,x,y \in \mathbf{Z}\}=$ _____．

6. 设 P,Q 是两个非空集合，定义：$P \times Q=\{(a,b) \mid a \in P,b \in Q\}$. 若 $P=\{3,4\}$，$Q=\{4,5,6\}$，写出集合 $P \times Q$ 中的所有元素.

1.1 单元测试

1. 下列各组对象:① 我们班身材高的同学;② 著名歌唱家;③ 小于 10 的自然数;④ 我们班体重不低于 50 kg 的同学. 能构成一个集合的有 ( )

A. 1 个   B. 2 个   C. 3 个   D. 4 个

2. 设集合 $M=\{x\,|\,x\geqslant 2\}$,$a=3$,则下列关系中正确的是 ( )

A. $a\in M$ B. $a\notin M$ C. $\{a\}\in M$ D. $\{a\}\notin M$

3. 已知 $A=\{x\,|\,x<a\}$,若 $2\in A$,且 $4\notin A$,则 a 的取值范围是 ( )

A. $\{a\,|\,a>2\}$

B. $\{a\,|\,a<4\}$

C. $\{a\,|\,2<a<4\}$

D. $\{a\,|\,2<a\leqslant 4\}$

4. 设集合 $A=\{x\,|\,x$ 是等腰三角形$\}$,$B=\{x\,|\,x$ 是直角三角形$\}$,则由集合 A,B 的公共元素构成的集合用描述法可表示为_____.

5. 已知 $A=\{-1,0,1\}$,$B=\{0,1,2\}$,则由集合 A,B 的所有元素构成的集合用列举法可表示为_____.

6. 已知集合 $A=\{0,1,a+3\}$,则 a 的取值构成的集合是_____.

7. 设 $A=\{1,2\}$,$B=\{0,3\}$,若 $A※B=\{z\,|\,z=xy,x\in A,y\in B\}$,则集合 $A※B$ 中所有元素之和为_____.

8. 若以方程 $x^2-5x+6=0$ 和方程 $x^2-x-2=0$ 的解为元素的集合为 M,则 M 中元素的个数为_____个.

9. 用列举法化简集合 $A=\left\{x\,\Big|\,\dfrac{6}{3-x}\in\mathbf{Z},x\in\mathbf{Z}\right\}$.

10. 设 $S=\{x\,|\,x=a+b\sqrt{3},a,b\in\mathbf{Z}\}$,

(1) 若 $m\in\mathbf{Z}$,则 m 是否是集合 S 的元素?

(2) 对 S 中任意两个元素 x_1,x_2,问 x_1+x_2 是否属于 S?

1.2　集合之间的关系

1.2.1　子集

学习目标

1. 了解集合之间包含的含义;
2. 理解子集、真子集的概念和意义;
3. 能识别给定集合的子集;
4. 能使用 Venn 图表示集合的关系.

归纳总结

本单元的学习要注意把握以下几个要点:

1. 能正确地使用符号 $\subseteq$、$\supseteq$、$\subsetneqq$、$\supsetneqq$ 表示集合与集合之间的关系.

2. 符号"$\in$"与"$\subseteq$"的区别:

(1)"$\in$"用在元素与集合之间,表示元素与集合的从属关系,"$\subseteq$"用在集合与集合之间,表示集合间的包含关系,例如,$1\in\{1,2\}$,$\{1\}\subseteq\{1,2\}$;

(2)"$\in$"是不加定义的,而"$\subseteq$"是由"$\in$"定义出来的;

(3)"$\subseteq$"具有传递性,即,若 $A\subseteq B$,$B\subseteq C$,则 $A\subseteq C$,而"$\in$"一般不具有传递性.

3. 解题时要特别注意:对任何集合 A,$\varnothing\subseteq A$,$A\subseteq A$;对任何非空集合 A,$\varnothing\subsetneqq A(A\neq\varnothing)$.

"空集是任意集合的子集"这是数学中的规定,这一规定是合理的. 事实上,若 A 是 B 的子集,则 A 中任一元素都属于 B,也即 A 中不存在不属于 B 的元素. $\varnothing$ 是没有元素的集合,所以在空集中不存在不属于任意集合 A 的元素,即空集是任意集合的子集.

4. 能按一定的顺序正确写出含有 $2,3,4$ 个元素集合的子集,做到不重不漏.

5. 用 Venn 图表示集合 A 是集合 B 的真子集时,要把表示 A 的区域画在表示 B 的区域的内部.

复习巩固

1. 下列关系式:① $\{1\}\in\{0,1,2\}$,② $\varnothing\in\{0\}$,③ $\{0,1,2\}\subseteq\{1,0,2\}$,④ $1\subseteq\{0,1\}$,⑤ $\varnothing\subseteq\{0,1,2\}$中,错误的为_____(填写序号).

2. 下列命题:① $a\subseteq\{a\}$;　② $\{a\}\in\{a,b\}$;　③ $\{a,b\}\subseteq\{b,a\}$;　④ $\{-1,1\}\subseteq\{-1,0,1\}$;　⑤ $\{0\}\subseteq\varnothing$;其中正确命题的个数为　　　　　　　　　　　　（　　）

  A. 1　　　　　　　　B. 2　　　　　　　　C. 3　　　　　　　　D. 4

3. 设 $M=\{$菱形$\},N=\{$正方形$\},P=\{$矩形$\},Q=\{$平行四边形$\}$,则下列包含关系中不正确的是 （ ）

A. $M\subseteq Q$ B. $P\subseteq N$

C. $N\subseteq M$ D. $P\subseteq Q$

4. 集合 $\{a,b\}$ 的非空真子集的个数为 （ ）

A. 1   B. 2

C. 3   D. 4

5. 若 $A=\{1,4,x\}$,$B=\{1,x^2\}$ 且 $B\subseteq A$,求实数 x 的值.

灵活运用

6. 已知集合 $A=\{-1,0,1\}$,集合 $B=\{y\,|\,y=x^2,x\in A\}$.

(1) 求集合 B 并判断集合 B 与集合 A 的关系;

(2) 若 $B=\{x\,|\,ax^2+x+c=0\}$,求实数 a,c 的值.

拓展延伸

7. 已知 $A=\{1,2\}$,$B=\{x\,|\,bx-1=0\}$,

(1) 若 $b=0$,则 $B=$＿＿＿＿＿;

(2) 若 $b\neq0$,则 $B=$＿＿＿＿＿;

(3) 若 $B\subseteq A$,求实数 b 的取值的集合.

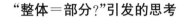

"整体＝部分?"引发的思考

历史上有人从下列两排数的对应中发现这样一个事实:偶数的数目必定和全体整数的数目一般多.

$$1,2,3,4,5,6,\cdots$$
$$2,4,6,8,10,12,\cdots$$

因为上排中每有一项,下排中就有相应的一项,所以,两排中的项数必定一般多.

柏拉图认为:对于无穷集合,如果它是可数的且与它的一个真子集是一一对应的,则这个集合与它的真子集等势(基数相同),也就是对于无穷可数集合:整体＝部分.这个势、基数是已经形成了的,因此,等势的无穷集合就有整体等于部分.这是"实无穷"的观点.

而亚里士多德认为:无限是永远在延伸着的(即不断在创造着的永远完成不了的)过程.他认为,在两排数中,

$1,2,3,4,5,6,\cdots$自然数集——整体,

$2,4,6,8,10,12,\cdots$自然数的一个真子集——部分,

下排只是由上排中各项的一半构成,下排的项数,是上排项数的子集.也就是,即使都是无限,自然数系列 n 与偶数系列 $2n$,他们的"容量"不相等.因此,不可能有相等不相等一说,因此,整体永远大于部分.这是"潜无穷"的观点.

哪种观点更"合理"呢?

事实上,无穷本身就是一个矛盾体,它既是一个需无限趋近的过程,又是一个实体,一个可研究的对象.在这一矛盾体中,矛盾的一方是实无限,另一方是潜无限,而无穷正是这矛盾双方的对立统一.事物并非只是"非此即彼"而是可以"亦此亦彼"的.潜无穷作为矛盾体的一面,是对有穷的直接否定,而实无穷作为矛盾体的另一面则是对潜无穷的否定,是否定之否定.实无穷、潜无穷只不过是一枚硬币的两面罢了.

这两种无穷思想在数学史上经历过"江山代有才人出,各领风骚数百年"的此消彼长与往复更迭后,已在现代数学中日趋合流,实际上现在数学中早已是既离不开实无穷思想也离不开潜无穷思想.标准分析与非标准分析的使用表明:用两种不同的无穷思想为据,采取不同的方式都可以得出完全相同的结果.这殊途同归的结局,意味着两种无穷思想可以避开"两虎相争,必有一伤"而走向"平分秋色,辉映成趣"了.

自我测试

1. 观察下面几组集合,每组集合 A,B 之间有什么关系?

(1) $A = \{1,2,3\}, B = \{1,2,3,4,5\}$;

(2) $A = \{x \mid x > 3\}, B = \{x \mid 3x - 5 > 0\}$;

(3) $A = \{四边形\}, B = \{正方形\}$;

(4) $A = \{直角三角形\}, B = \{三角形\}$.

2. 设 $A = \{x \mid 1 < x < 2\}, B = \{x \mid x < a\}$，若 A 是 B 的真子集，则实数 a 的取值范围是_____.

3. 已知全集 $U = \mathbf{R}$，则正确表示集合 $M = \{-1, 0, 1\}$ 和 $N = \{x \mid x^2 + x = 0\}$ 关系的韦恩(Venn)图是（　　　）

A　　　　　　B　　　　　　C　　　　　　D

4. 已知 $A \subseteq B, A \subseteq C, B = \{0,1,2,3,4\}, C = \{0,2,4,8\}$，则满足上述条件的集合 A 共有_____个.

5. 已知集合 $P = \{x \mid x^2 + x - 6 = 0\}, Q = \{x \mid ax + 1 = 0\}$ 满足 $Q \subsetneqq P$，求实数 a 的值.

6. 集合 $A = \{x \mid -2 \leqslant x \leqslant 5\}, B = \{x \mid m + 1 \leqslant x \leqslant 2m - 1\}$，

(1) 若 $B \subseteq A$，求实数 m 的取值范围；

(2) 当 $x \in \mathbf{R}$ 时，没有元素 x 使 $x \in A$ 与 $x \in B$ 同时成立，求实数 m 的取值范围.

1. 2. 2 集合的相等

学习目标

1. 了解集合之间相等的含义；
2. 了解区间的含义.

归纳总结

本单元的学习要注意把握以下几个要点：

1. 根据集合相等的定义,我们知道,当两个集合的元素完全相同时,就说这两个集合相等,如$\{1,3,5\}=\{3,5,1\}$.要注意用描述法表示同一个集合时,其形式可以不同,但他们是相等的集合,例如,$\{x\,|\,x=k,k\in\mathbf{Z}\}=\{x\,|\,x=k+1,k\in\mathbf{Z}\}=\{x\,|\,x=-k,k\in\mathbf{Z}\}$.

2. 区间是数集的一种表示方法,是今后常用的一个概念,要能正确了解区间的含义,特别要辨清区间的端点与该数集的关系,例如,$a\in[a,b],a\notin(a,b)$.

复习巩固

1. 设 $a,b\in\mathbf{R}$,集合 $\{1,a+b,a\}=\left\{0,\dfrac{b}{a},b\right\}$,则 $b-a$ 的值为 （　　）

A. 1 　　　　　　　　　　　　B. -1

C. 2 　　　　　　　　　　　　D. -2

2. 满足条件 $\{0,1\}\subsetneqq A\subseteq\{0,1,2,3\}$ 的集合 A 的个数是 （　　）

A. 3 个 　　　　　　　　　　B. 4 个

C. 15 个 　　　　　　　　　　D. 16 个

3. 已知集合 $A=[-1,3],B=(0,2)$,则 A _____ B.（用适当的符号填空）

4. 若集合 $A=\{0,1,2\},B=\{x\,|\,x=a\times b,a,b\in A\}$,则 B 的子集的个数是 _____.

5. 以下 5 个关系式中,错误的序号为 _____.

① $\{1\}\in\{0,1,2\}$;② $\{0,1,2\}\subseteq\{1,0,2\}$;③ $\varnothing\in\{0,1,2\}$;④ $\varnothing\subseteq\{0\}$;⑤ $\{0,1,2\}=\{1,0,2\}$.

灵活运用

6. 设集合 $M=\{m\mid -3<m<2,m\in \mathbf{Z}\},N=(-1,3)$，试用列举法表示 M 与 N 的公共元素构成的集合.

拓展延伸

7. 对于任意的 $a,b\in \mathbf{N}^*$，规定运算 $a*b=\begin{cases}a+b, & a \text{ 与 } b \text{ 的奇偶性相同,}\\ a\times b, & a \text{ 与 } b \text{ 的奇偶性不同,}\end{cases}$ 集合 $M=\{(a,b)\mid a*b=4,a,b\in \mathbf{N}^*\}$. 则集合 M 中的元素有多少个?

数学链接

两集合相等的判断

　　课本中介绍的两个集合相等是按照下述原理(外延性原理)定义的:两个集合是相等的,当且仅当它们有相同的成员,两个集合 A 和 B 相等,记作 $A=B$,两个集合不相等,则记作 $A\neq B$. 两集合相等还可以用子集的概念来定义:即"若 $A\subseteq B$ 且 $B\subseteq A$,则 $A=B$".

　　后一种定义也很重要,今后证明两个集合相等,通常是要证明两集合互为子集. 集合相等的概念虽在证明上没有要求却在判断上有要求,集合的化简过程也是不断相等的过程,因此应该熟练掌握判断两集合相等的一些方法. 例如,证明:空集是唯一的. 事实上,$\varnothing_1\subseteq \varnothing_2$ 且 $\varnothing_2\subseteq \varnothing_1$(其中 $\varnothing_1,\varnothing_2$ 均为空集),由集合相等定义可知 $\varnothing_1=\varnothing_2$,即证明了空集的唯一性.

自我测试

1. 以下说法中正确的个数有 （ ）

① $M = \{(1,2)\}$ 与 $N = \{(2,1)\}$ 表示同一个集合；

② $M = \{1,2\}$ 与 $N = \{2,1\}$ 表示同一个集合；

③ 空集是唯一的；

④ $M = \{y \mid y = x^2 + 1, x \in \mathbf{R}\}, N = \{x \mid x = t^2 + 1, t \in \mathbf{R}\}$，则 $M = N$.

A. 3个   B. 2个   C. 1个   D. 0个

2. 对于集合 A,B，定义"$A-B$"的含义是：$A-B = \{x \mid x \in A, \text{且 } x \notin B\}$. 若 $A = \{x \mid -2 < x \leqslant 4\}, B = \{x \mid x \leqslant 1\}$，则集合 $A - B = \underline{\hspace{3cm}}$.

3. 已知集合 $A = \{1, 1+d, 1+2d\}, B = \{1, q, q^2\}$，其中 $d, q \in \mathbf{R}$，若 $A = B$，求 d, q 的值.

4. 已知集合 A 的元素全为实数，且满足：若 $a \in A$，则 $\dfrac{1+a}{1-a} \in A$.

(1) 若 $a = -3$，求出 A 中其他所有元素；

(2) 0 是不是集合 A 的元素？请你设计一个实数 $a \in A$，再求出 A 中的所有元素.

1.2 单元测试

1. 设集合 $A=\{x\mid x\leqslant 2\},B=(-\infty,\sqrt{3}\,]$，那么下列关系中正确的是 （　　）

A. $B\subseteq A$ 　　　　B. $A\subseteq B$ 　　　　C. $A\in B$ 　　　　D. $A\not\subseteq B$

2. 设集合 $A=\{x\mid-1<x<2\}$，集合 $B=\{x\mid x>a\}$，若 A 是 B 的真子集，那么实数 a 的取值范围是 （　　）

A. $a\leqslant-1$ 　　　　B. $a>-1$ 　　　　C. $a\leqslant 2$ 　　　　D. $a>2$

3. 满足 $A\subsetneqq\{a,b\}$ 的集合 A 的个数是 （　　）

A. 1 　　　　B. 2 　　　　C. 3 　　　　D. 4

4. 已知 $\{1,2x\}\subseteq\{1,2,x^2\}$，那么 （　　）

A. $x=1,x=2$

C. $x=0,x=2$

B. $x=1$

D. $x=0,x=1,x=2$

5. 设集合 C 是由集合 A,B 的公共元素构成的集合，则有 C _____ A，C _____ B.（用适当的符号填空）

6. 设 P,Q 是两个非空集合，定义：$P\times Q=\{(a,b)\mid a\in P,b\in Q\}$. 若 $P=\{3,4\}$，$Q=\{4,5,6,7\}$，则集合 $P\times Q$ 中的元素的个数为 _____.

7. 已知 $\{-1,0,a\}=\left\{b,\dfrac{1}{c},1\right\}$，试求 $a+b+c$ 的值.

8. 已知集合 $A=\{x\mid x^2+bx+c=0\}=\{1,2\}$，试求实数 b,c 的值.

9. 已知集合 $A = \{x \mid a \leqslant x \leqslant 2a-1\}$，$B = \{x \mid -1 < x \leqslant 3\}$，

(1) 若 $A \subseteq B$，求实数 a 的范围；

(2) 是否存在实数 a，使 $B \subseteq A$ 成立？

(3) 若不存在实数 x，使 $x \in A$ 与 $x \in B$ 同时成立，求实数 a 的范围.

1.3 集合的运算

1.3.1 交集与并集

学习目标

1. 理解两个集合的交集与并集的含义；
2. 会求两个简单集合的交集与并集；
3. 能借助 Venn(韦恩)图表示、理解两个集合的交集与并集.

归纳总结

本单元的学习要注意把握以下几个要点：

1. 能用文字语言、符号语言和图形语言正确表述两个集合的交集、并集的定义，例如，表述两个集合的交集的定义.

文字语言：由所有属于集合 A 且属于集合 B 的元素所组成的集合，叫作 A 与 B 的交集.

符号语言：$A \cap B = \{x \mid x \in A,$ 且 $x \in B\}$.

图形语言：$A \cap B$ 可用下图中的阴影部分来表示.

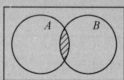

2. 明确交集中关联词"且"的含义.

交集中的"且"是指"同时属于"的意思. 例如，$A=\{1,2,3,4,5\}$，$B=\{2,4,6,8,10\}$，有且只有元素 2,4"同时属于 A,B"，则 $A \cap B = \{2,4\}$.

又如，$A=\{1,3,5,7,9\}$，$B=\{2,4,6,8,10\}$，没有这样的元素"同时属于 A,B"，则 $A \cap B = \varnothing$.

3. 明确并集中关联词"或"的含义.

并集中的"或"是指"只要属于其中一个"的意思，可以"同时属于". 例如，$A=\{1,2,3,4,5\}$，$B=\{2,4,6,8,10\}$，则 $A \cup B = \{1,2,3,4,5,6,8,10\}$，其中元素 1,3,5"只属于集合 A"，元素 6,8,10"只属于集合 B"，而元素 2,4 则"同时属于 A,B"，由于集合中的元素之间是互异的，所以在集合 A,B 的并集中，两个集合的公共元素 2,4 只能出现一次.

显然，并集中的"或"与生活中的"或"的含义是有区别的，要注意体会.

4. 为了使集合的交、并、补关系直观形象地显示而便于运算,要十分重视数形结合.例如,数集之间的运算常借助数轴进行,而一般集合之间的运算则常通过 Venn 图来帮助分析解决,对于元素是有序实数对的集合,常借助直角坐标平面.另外,在运算时首先要化简给定的集合.

5. 注意集合的子集、交集、并集的等价条件的不同形式,例如,

$$A \subseteq B \Leftrightarrow A \bigcap B = A \Leftrightarrow A \bigcup B = B.$$

6. 在解题时,不可忽视空集的一些特性:如,$A \bigcap \varnothing = \varnothing$,$A \bigcup \varnothing = A$,防止漏掉空集而导致解题失误.

1. 第三十二届夏季奥林匹克运动会于 2020 年 7 月 24 日在东京举行,若集合 $A = \{$参加东京奥运会比赛的运动员$\}$,集合 $B = \{$参加东京奥运会比赛的男运动员$\}$,集合 $C = \{$参加东京奥运会比赛的女运动员$\}$,则下列关系正确的是 ( )

　A. $A \subseteq B$　　　　B. $B \subseteq C$　　　　C. $A \bigcap B = C$　　　　D. $B \bigcup C = A$

2. 设 $A = \{x \mid x$ 为小于 10 的质数$\}$,$B = \{0, 1, 3, 7, 9\}$,则 $A \bigcap B =$ _____ ,$A \bigcup B =$ _____ .

3. 设 $A = \{x \mid x$ 是等腰三角形$\}$,$B = \{x \mid x$ 是等边三角形$\}$,则 $A \bigcap B =$ _____ ,$A \bigcup B =$ _____ .

4. 设 $A = (-\infty, 1]$,$B = [-1, +\infty)$,则 $A \bigcap B =$ _____ ,$A \bigcup B =$ _____ .

5. 已知集合 $M = \{x \mid -2 \leqslant x \leqslant 2\}$,$N = \{x \mid x \leqslant m\}$,若 $M \bigcap N = \varnothing$,则实数 m 的取值范围是 ( )

　A. $m < -2$　　　　B. $m \geqslant -2$　　　　C. $m < 2$　　　　D. $m \geqslant 2$

6. 已知 $A = \{(x, y) \mid x + y = 6\}$,$B = \{(x, y) \mid 3x - y = 2\}$,则 $A \bigcap B$ 等于 _____ .

7. 集合 M, N 分别有 8 个和 13 个元素.若 $M \bigcap N$ 有 6 个元素,则 $M \bigcup N$ 有 _____ 个元素;当 $M \bigcup N$ 有 _____ 个元素时,$M \bigcap N = \varnothing$.

8. 集合 $A = \{2, 3, a^2 + 4a + 2\}$,集合 $B = \{0, 7, 2 - a, a^2 + 4a - 2\}$,$A \bigcap B = \{3, 7\}$ 求 a 的值及 $A \bigcup B$.

灵活运用

9. 已知集合 $A=\{x|-2<x<3\}$，$B=\{x|0<x-m<9\}$，

(1) 若 $A\cup B=B$，求实数 m 的取值范围；

(2) 若 $A\cap B=\varnothing$，求实数 m 的取值范围.

拓展延伸

10. 已知集合 $A=\{x|x^2-5x+4=0\}$，$B=\{x|x^2-2ax+a+2=0\}$，

(1)若 $B=\varnothing$，求 a 的取值集合；

(2)若 B 为单元素集，求 $A\cup B$；

(3)若 $A\cap B=B$，求 a 的取值集合.

有序对与笛卡尔积

数学链接　有序对:有序对就是有顺序的数组,如$<x,y>$,x,y的位置是确定的,不能随意放置.有序对$<a,b>\neq<b,a>$.

笛卡尔(Descartes)积:设A,B是任意两个集合,在集合A中任意取一个元素x为第一元素,在集合B中任意取一个元素y为第二元素,组成一个有序对$<x,y>$,把这样的有序对作为新的元素,他们的全体组成的集合就称为集合A和集合B的笛卡尔积,记为$A\times B$,即$A\times B=\{<x,y>|x\in A$且$y\in B\}$,笛卡尔积又叫直积.

由于有序对$<x,y>$中x,y的位置是确定的,因此$A\times B$的记法也是确定的,不能写成$B\times A$.

例如:假设集合$A=\{a,b\}$,集合$B=\{0,1,2\}$,则这两个集合的笛卡尔积为$\{(a,0),(a,1),(a,2),(b,0),(b,1),(b,2)\}$.又如,如果$A$表示某学校学生的集合,$B$表示该学校所有课程的集合,则$A$与$B$的笛卡尔积表示所有可能的选课情况.

再如,在数据库中,设有关系A为$<$学号,姓名$>$,具体内容为$\{<1$,张三$>$,<2,李四$>\}$;关系B为$<$学号,年龄$>$,具体内容为$\{<1,20>,<2,22>\}$.则$A\times B=\{<1$,张三$,1,20>,<1$,张三$,2,22>,<2$,李四$,1,20>,<2$,李四$,2,22>\}$,如果做第一列=第三列的选择,再做只保留第一、第二、第三列的投影,即得$\{<1$,张三$,20>,<2$,李四$,22>\}$.这样,通过关系代数的三个运算,我们可以查到每个人的年龄.

笛卡尔积是一种集合合成的方法,可以扩展到多个集合的情况,如$A_1\times A_2\times\cdots\times A_n$.

自我测试

1. 若集合$A=\{x|x>0\}$,$B=\{x|x<3\}$则$A\cap B=$　　　　　　　(　　)
   A. $\{x|x<0\}$　　　　　　　　　　　B. $\{x|0<x<3\}$
   C. $\{x|x>4\}$　　　　　　　　　　　D. **R**

2. 已知集合$M=\{x|-3<x\leqslant5\}$,$N=\{x|x<-5$或$x>5\}$,则$M\cup N=$　　(　　)
   A. $\{x|x<-5$或$x>-3\}$　　　　　　B. $\{x|-5<x<5\}$
   C. $\{x|-3<x<5\}$　　　　　　　　　D. $\{x|x<-3$或$x>5\}$

3. 满足$M\subseteq\{a_1,a_2,a_3,a_4\}$且$M\cap\{a_1,a_2,a_3\}=\{a_1,a_2\}$的集合$M$的个数是
   　　　　　　　　　　　　　　　　　　　　　　　　　　　　　　　(　　)
   A. 1　　　　　　B. 2　　　　　　C. 3　　　　　　D. 4

4. 设集合$A=\{1,2\}$,则满足$A\cup B=\{1,2,3\}$的集合B的个数是_____个.

5. 设集合 $A=(-\infty,3]\cup[5,+\infty)$，$A\cap B=[0,3]$，$A\cup B=\mathbf{R}$，则集合 $B=$ _____.

6. 已知集合 A,B 各有 8 个元素，$A\cap B$ 有 4 个元素，则 $A\cup B$ 有 _____ 个元素.

7. 集合 $A=\{1,2,3,4\}$，$B\subseteq A$，$B\neq A$，且 $1\in A\cap B$，$4\notin A\cap B$，求满足条件的集合 B.

8. 已知集合 $A=\{x\mid-2\leqslant x\leqslant 4\}$，$B=\{x\mid x\leqslant m\}$，分别求出满足下列条件的实数 m 的取值范围.

(1) 若 $A\cap B=\varnothing$；

(2) 若 $A\cap B\neq\varnothing$；

(3) $A\cap B=A$.

1.3.2 全集与补集

学习目标

(1)理解在给定集合中一个子集的补集的含义,会求给定子集的补集,能使用 Venn(韦恩)图理解一个子集的补集的含义.

(2)理解集合中元素个数的计算公式,会计算两个集合的交集与并集的元素个数.

归纳总结

本单元的学习要注意把握以下几个要点:

1. 能用文字语言、符号语言和图形语言正确表述全集与补集的含义.

2. 注意集合的子集、交集、并集、补集的等价条件的不同形式. 例如, $\complement_U(A \cap B) = (\complement_U A) \cup (\complement_U B)$.

3. 理解右面韦恩图中(1)、(2)、(3)、(4)部分的集合表示对集合的有关运算会有很大帮助.

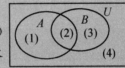

复习巩固

1. 已知 $U = \{1,2,3,4,5,6\}$, $A = \{2,3,5\}$, $B = \{1,4\}$, 则 $\complement_U(A \cup B) = \underline{\hspace{2cm}}$, $(\complement_U A) \cap (\complement_U B) = \underline{\hspace{2cm}}$.

2. 设 $A = \{x \mid 1 \leqslant x \leqslant 5\}$, $B = \{x \mid x < 0 \text{ 或 } x > 3\}$, 则 $A \cup B = \underline{\hspace{2cm}}$; $A \cap (\complement_R B) = \underline{\hspace{2cm}}$.

3. 全集 $U = \{2,3,5\}$, $A = \{|a-5|, 2\}$, $\complement_U A = \{5\}$. 则 a 的值是 （ ）

A. 2   B. 8   C. 3 或 5   D. 2 或 8

4. 已知全集 $U = A \cup B$ 中有 m 个元素, $(\complement_U A) \cup (\complement_U B)$ 中有 n 个元素. 若 $A \cap B$ 非空, 则 $A \cap B$ 的元素个数为 （ ）

A. mn B. $m+n$ C. $n-m$ D. $m-n$

5. 试用集合 S, P, M, N 间的一个关系式表示图中阴影部分的集合: $\underline{\hspace{3cm}}$ $\underline{\hspace{1cm}}$.

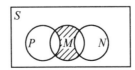

灵活运用

6. 设全集 $U=\{x\,|\,0<x<10,x\in \mathbf{N}^*\}$，若集合 $A\bigcap B=\{3\}$，$A\bigcap \complement_U B=\{1,5,7\}$，$(\complement_U A)\bigcap(\complement_U B)=\{9\}$，求 A,B.

拓展延伸

7. 某班 50 名学生中，会讲英语的有 36 人，会讲日语的有 20 人，既会讲英语又会讲日语的有 14 人，问既不会讲英语又不会讲日语的有多少人？

集合的运算

数学链接　由于集合的交集、并集是针对两个集合定义得到的第三个集合，补集是由一个集合及其一个子集而产生的第三个集合，所以我们可以把求集合的交集、并集、补集看做集合之间的一种运算，分别叫作求交、求并、求补运算，它们都涉及三个集合.

　　求交运算的目的就是找出两个集合的全部共同元素. 很容易想到，把 A 中所有不属于 B 的元素去掉，或者把 B 中所有不属于 A 的元素去掉，得到的就是 A 和 B 的交集. 两种方法结果一样，就是说，交集运算满足交换律.

　　求并运算的目的就是找出两个集合的全部元素. 如果在一个家长和孩子一起参加的活动中，招呼一声全体孩子到这边来，来之后，再招呼一声全体男人也过来，这时来的是成年男人，因为男孩们已经到了. 如果换个顺序，先招呼全体男人过来，再招呼全体小孩过来，这时过来的是女孩们，因为男孩们还是先到了. 两个顺序下最后到齐以后，都是在场的"男人"和"孩子"的并集，所以，并集运算也满足交换律.

　　如果我们在某个范围谈论事情，有一个集合是以这个范围的所有对象为元素的，我们就说这个集合是这个范围内的全集.

在逻辑学中有一个术语叫作论域,意思是讨论的领域,我们可以借用来描述"某个范围",那么全集的定义就是,以论域内所有对象为元素的集合,称为这个论域里的全集.

比如,我们在自然数范围讨论问题,那么论域是自然数域,自然数集就是全集,如果在整数范围讨论问题,那么论域是整数域,自然数集就不是全集了,整数集才是全集.

又比如,我们在人类范围内讨论问题,"人"就是全集,但在动物或者生命范围讨论时,"人"就不是全集了.

所以,全集概念有相对性,必须针对某个论域来说.全集概念相当于整体概念,那么全集的相对性就表现了整体这个概念的相对性,所谓整体,一定是相对某个范围来说的.

全集和空集是一对特殊集合,空集里没有元素,全集里的元素是全部对象.全集是相对于论域的,空集却是绝对的、唯一的,与论域没有关系,没有元素就是没有元素,放在哪里都是空集.

注意论域和全集的区别,论域和它里边的全集,覆盖范围是完全一样大的,差别是:论域不是一个集合,全集是一个集合.

自我测试

1. 已知集合 $A=\{1,3,5,7,9\}$,$B=\{0,3,6,9,12\}$,则 $A\cap(\complement_N B)$ 　　　　（　　）

A. $\{1,5,7\}$　　　　　　　　　　　B. $\{3,5,7\}$

C. $\{1,3,9\}$　　　　　　　　　　　D. $\{1,2,3\}$

2. 设 $U=\mathbf{R}$,$A=\{x\mid x>0\}$,$B=\{x\mid x>1\}$,则 $A\cap\complement_U B$ 　　　（　　）

A. $\{x\mid 0\leqslant x<1\}$　　　　　　　B. $\{x\mid 0<x\leqslant 1\}$

C. $\{x\mid x<0\}$　　　　　　　　　　D. $\{x\mid x>1\}$

3. 集合 M,N 分别有 7 个和 9 个元素.若 $M\cup N$ 有 14 个元素,则 $M\cap N$ 有＿＿＿＿个元素;当 $M\cup N$ 有＿＿＿＿个元素时,$M\cap N=\varnothing$.

4. 满足 $\{a,b\}\cup A=\{a,b,c\}$ 的集合 A 的个数为＿＿＿＿.

5. 某班有 36 名同学参加数学、物理、化学课外探究小组,每名同学至多参加两个小组,已知参加数学、物理、化学小组的人数分别为 26,15,13,同时参加数学和物理小组的有 6 人,同时参加物理和化学小组的有 4 人,则同时参加数学和化学小组的有多少人?

1.3 单元测试

1. 已知集合 $A=\{-1,1\}$，$B=\{x\mid mx=1\}$，且 $A\cup B=A$，则 m 的值为 （　　）

A. 1

B. -1

C. 1 或 -1

D. 1 或 -1 或 0

2. 设集合 $M=\{x\mid -1\leqslant x<2\}$，$N=\{x\mid x-k\leqslant 0\}$，若 $M\cap N=M$，则 k 的取值范围 （　　）

A. $(-1,2)$　　　　B. $[2,+\infty)$　　　　C. $(2,+\infty)$　　　　D. $[-1,2]$

3. 如图，U 是全集，M,P,S 是 U 的 3 个子集，则阴影部分所表示的集合是 （　　）

A. $(M\cap P)\cup S$

B. $(M\cup P)\cap S$

C. $(M\cap P)\cap \complement_U S$

D. $(M\cup P)\cup \complement_U S$

4. 已知集合 $M=\{x\mid -3<x\leqslant 5\}$，$N=\{x\mid -5<x<5\}$，则 $M\cap N=$ （　　）

A. $\{x\mid -5<x<5\}$

B. $\{x\mid -3<x<5\}$

C. $\{x\mid -5<x\leqslant 5\}$

D. $\{x\mid -3<x\leqslant 5\}$

5. 已知集合 A 有 2 个元素，集合 B 有 5 个元素，则集合 $A\cup B$ 中元素的个数可能是 _____ 个.

6. 设集合 $A=\{x\mid x^2+px+q=0\}$，$B=\{x\mid x^2-px-2q=0\}$，若 $A\cap B=\{-1\}$，求实数 p,q 的值以及集合 $A\cup B$.

7. 已知全集 $U=\{2,3,a^2+2a-3\}$，若 $A=\{b,2\}$，$\complement_U A=\{5\}$，求实数 a,b 的值.

8. 若集合 $S=\{3,a^2\}$，$T=\{x\,|\,0<x+a<3,x\in \mathbf{Z}\}$，且 $S\bigcap T=\{1\}$，$P=S\bigcup T$，求集合 P 的所有子集.

9. 已知集合 $A=\{x\,|\,3\leqslant x\leqslant 7\}$，$B=\{x\,|\,2<x<10\}$，$C=\{x\,|\,x<a\}$，全集为实数集 **R**.
(1) 求 $A\bigcup B$，$(\complement_{\mathbf{R}}A)\bigcap B$；(2) 如果 $A\bigcap C\neq\varnothing$，求实数 a 的取值范围.

10. 已知方程 $x^2+px+q=0$ 的两个不相等实根为 α,β. 集合 $A=\{\alpha,\beta\}$，$B=\{2,4,5,6\}$，$C=\{1,2,3,4\}$，$A\bigcap C=A$，$A\bigcap B=\varnothing$，求实数 p,q 的值.

1.4 四种命题

学习目标

了解四种命题的含义,会分析四种命题的相互关系.

归纳总结

本单元的学习要注意把握以下几个要点:

1. 能把一个命题改写成"若 p 则 q"的形式.

2. 能准确说出四种命题的名称,能对给定的命题写出它的逆命题、否命题、逆否命题.

3. 明确四种命题间的逻辑关系和真假关系,一个命题的真假与其他三个命题的真假有如下三条关系:

(1)原命题为真,它的逆命题不一定为真;

(2)原命题为真,它的否命题不一定为真;

(3)原命题为真,它的逆否命题一定为真.

4. 要注意区分"否命题"与"命题的否定",它们的含义不同,不可混淆.

例如,原命题是"同位角相等,两直线平行."它的否命题是"同位角不相等,两直线不平行."而它的否定是"同位角相等,两直线不平行."

复习巩固

1. 下列语句中,是命题的是 （　）

A. 这道题难道你不会吗?

B. 相信自己,相信伙伴!

C. 集合与元素

D. $\sqrt{2}$是有理数

2. 命题"我们班的体育委员是李清"是命题"李清是我们班的体育委员"的 （　）

A. 否命题 　　　　 B. 逆命题 　　　　 C. 逆否命题 　　　　 D. 都不是

3. "有两个角相等的三角形是等腰三角形"的否命题是_____.

4. 以下说法错误的是 （　）

A. 如果一个命题的逆命题为真命题,那么它的否命题也必定为真命题.

B. 如果一个命题的否命题为假命题,那么它本身一定为真命题.

C. 原命题与逆否命题同真同假.

D. 一个命题的逆命题、否命题、逆否命题可以同为假命题.

5. 把下列命题改写成"若 p 则 q"的形式,写出它的逆命题、否命题、逆否命题,并判断其真假:

(1)四个角都相等的四边形是正方形;

(2)被 6 整除的数能被 3 整除.

6. 命题"若 $ab=0$,则 a,b 中至少有一个为零"的逆否命题为_____

_____.

7. 命题:若方程 $x^2+bx+c=0$ 有非空解集,则 $b^2-4c\geqslant0(b,c\in\mathbf{R})$. 写出该命题的逆命题、否命题、逆否命题,并判断这些命题的真假.

8. "若 $1<x<2$,则 $m-1\leqslant x\leqslant m+1$"的逆否命题为真命题,则 m 的取值范围是_____.

推理与命题

数学链接 历史上有这样一个故事:歌德是 18 世纪德国的一位著名文艺大师,一天,他与一位文艺批评家"狭路相逢".这位批评家生性古怪,遇到歌德走来,不仅没有相让,反而卖弄聪明,一边高傲地往前走,一边出言不逊:"我从来不给傻子让路!"面对如此尴尬场面,但见歌德笑容可掬,谦恭地闪在一旁,一边有礼貌地回答道:"呵呵,我恰恰相反!"结果故作聪明的批评家,反倒自讨没趣.

在这个故事里,批评家用他的语言和行为奚落歌德:(1)我不给傻子让路;(2)我不给你(歌德)让路;(3)你(歌德)是傻子.而歌德也用语言和行为反击:(1)我给傻子让路;(2)我给你(批评家)让路;(3)你(批评家)是傻子.这里,他们两个人都运用了逻辑知识.

逻辑是探索、阐述和确立有效推理原则的学科,最早由古希腊学者亚里士多德(Aristotle)创建,逻辑学研究的主要对象是推理,而推理是由命题组成的.在现代哲学、数学、逻辑学、语言学中,命题是对事物情况的陈述,是指一个判断的语义.命题不是指判断本身,而是指所表达的语义.

命题是对事物情况的陈述,因而就存在所陈述的情况是否符合客观现实的问题.如符合,则真,否则假.

任何命题都是通过语句来表达的,凡是没有对事物的情况作出陈述、无法判定真假的语句都不表达命题.一般说来,陈述句和反问句都表达命题,而祈使句、感叹句、一般疑问句不直接表达命题.

反问句与一般疑问句不同,如:难道一个人可以不遵纪守法吗? 用反问的形式陈述了事物的情况,可以判定真假,因而表达命题.

命题形式是从具体思维内容中抽取出来的,是一类命题所共同具有的.任何一个命题形式都由变项和常项两个部分组成,如"有的花是红色的","有的鸟会飞"这两个命题所陈述的内容极为不同,但它们却具有相同的形式,都可被表示为:"有 S 是 P".这里,"有……是"等是逻辑常项,也是逻辑联结词,起联结作用,表示被联结部分的逻辑关系.逻辑联结词还有许多:如果……那么,只有……才,并非……,等等.

自我测试

1. 下列语句中,不是命题的是 （　　）

A. 如果两个三角形全等,那么它们的对应边相等

B. 对所有的 $x \in \mathbf{R}, x > 5$

C. 对任意一个 $x \in \mathbf{Z}, 2x + 1$ 是整数

D. 他是一个细心的人

2. 已知集合 A,B,全集 U,给出下列四个命题

① 若 $A \subseteq B$,则 $A \cup B = B$;② 若 $A \cup B = B$,则 $A \cap B = B$;

③ 若 $a \in (A \cap \complement_U B)$,则 $a \in A$;④ 若 $a \in \complement_U(A \cap B)$,则 $a \in (A \cup B)$.

则上述正确命题的个数为 ( )

A. 1   B. 2   C. 3   D. 4

3. 命题"若一个数是负数,则它的平方是正数"的逆命题是 ( )

A."若一个数是负数,则它的平方不是正数"

B."若一个数的平方是正数,则它是负数"

C."若一个数不是负数,则它的平方不是正数"

D."若一个数的平方不是正数,则它不是负数"

4. 把命题"平行于同一直线的两条直线互相平行"写成"若 p 则 q"的形式,并写出它的逆命题、否命题、逆否命题,再判断这四个命题的真假.

1.5 充分条件与必要条件

学习目标

理解充分条件与必要条件的意义,会判定充分条件、必要条件与充要条件.

归纳总结

本单元的学习要注意把握以下几个要点:

1. 两个命题的充分必要关系是等价转换或非等价转换的基础,应深刻理解命题的条件与结论之间的四种关系:充分不必要条件,必要不充分条件,充分且必要条件,既不充分也不必要条件,并能用相应的符号"$\Rightarrow$, $\Leftarrow$, $\Leftrightarrow$"正确表示.

考察 $p \Rightarrow q$ 和 $q \Rightarrow p$ 的真假.

2. 由于 $p \Rightarrow q$ 时,p 是 q 的充分条件,同时 q 是 p 的必要条件,所以充分条件与必要条件是相对的.

3. 当 p 与 q 互为充要条件时,则说"p 与 q 是等价"的,也可以用语句"p 成立当且仅当 q 成立"来表示.

复习巩固

1. 命题"如果三角形是等腰三角形,那么它有两个角相等"中,"三角形是等腰三角形"是"它有两个角相等"的_____条件,"有两个角相等"是"三角形是等腰三角形"的_____条件.

2. 指出下列各组命题中 p 是 q 的什么条件(充分不必要条件,必要不充分条件,充要条件,既不充分也不必要条件).

(1)$p:a^2>b^2$. $q:a>b$. 则 p 是 q 的_____.

(2)$p:a$ 与 b 都是奇数. $q:a+b$ 是偶数. 则 p 是 q 的_____.

3. 对任意实数 a,b,c,给出下列命题:

(1)"$a=b$"是"$ac=bc$"的充要条件;

(2)"$a+5$ 是无理数"是"a 是无理数"的充要条件;

(3)"$a<5$"是"$a<3$"的必要条件.

其中真命题的个数是 ( )

A. 1　　　　　B. 2　　　　　C. 3　　　　　D. 0

4. "$x>3$"是"$x^2>4$"的 　　　　　　　　　　　　　　　　（　　）

A. 必要不充分条件　　　　　　　　　　B. 充分不必要条件

C. 充分必要条件　　　　　　　　　　　D. 既不充分也不必要条件

5. 设集合 $M=\{x\mid 0<x\leqslant 3\}$，$N=\{x\mid 0<x\leqslant 2\}$，那么"$a\in M$"是"$a\in N$"的

（　　）

A. 充分而不必要条件　　　　　　　　　B. 必要而不充分条件

C. 充分必要条件　　　　　　　　　　　D. 既不充分也不必要条件

6. 给出下列表格，判断 p 是 q 的何种条件，请在下列结论中选择一项，将其序号填在最后一列中.

① 充分不必要条件，② 必要不充分条件，③ 充要条件，④ 既不充分也不必要条件.

p	q	p 是 q 的
$ab<0(a,b\in\mathbf{R})$	$\mid a\mid+\mid b\mid=\mid a-b\mid(a,b\in\mathbf{R})$	
四边形 $ABCD$ 是平行四边形	四边形 $ABCD$ 是矩形	
$a^2-b^2<0$	$a-b<0$	
$A\cap B=\varnothing,A\cup B=U$	$A=\complement_U B,B=\complement_U A$	

灵活运用

7. A,B,C 三个命题，如果 A 是 B 的充要条件，C 是 B 的充分不必要条件，则 C 是 A 的 　　　　　　　　　　　　　　　　　　　　　　　　　　　　　　（　　）

A. 充分不必要条件　　　　　　　　　　B. 必要不充分条件

C. 充要条件　　　　　　　　　　　　　D. 既不充分也不必要条件

拓展延伸

8. 与同学探讨研究，写出一个一元二次方程 $ax^2+bx+c=0$ 有一正根和一个负根的充分不必要条件.

"充要条件"的三种理解

数学链接

"充要条件"是五年制师范数学中一个重要的数学概念,也是解决数学问题时进行等价转换的逻辑基础."充要条件"与"原命题、逆命题、否命题、逆否命题"紧密相关.

"充要条件"是表示两个命题之间的结构关系.这两个命题一个表示"条件",一个表示"结论".在具体判断时,一定要分清条件与结论,因为同样是 $B \Rightarrow A$,如果 A 是条件,B 是结论,那么 A 是 B 的必要条件,如果 B 是条件,A 是结论,那么 B 是 A 的充分条件.

充要条件是简易逻辑中的重要概念,可从以下 3 个方面理解和认识充要条件:

1. 用文字语言解释

命题的条件为 p 与结论为 q 之间的关系可用文字语言解释为

(1) 充分条件解释为"有之必然,无之未必然";

(2) 必要条件解释为"无之必不然,有之未必然";

(3) 充要条件解释为"有之必然,无之必不然".

若再用通俗语言可解释为:充分条件就是"有它一定行,无它未必不行";必要条件就是"无它一定不行,有它也未必行";充要条件就是"有它一定行,无它一定不行".

2. 用四种命题解释

若 p 为条件,q 为结论,命题:若 p 则 q.

(1) 如果原命题成立,逆命题不成立,则原命题的条件是充分不必要的;

(2) 如果原命题不成立,逆命题成立,则原命题的条件是必要不充分的;

(3) 如果原命题和它的逆命题都成立,则原命题的条件充要的;

(4) 如果原命题和它的逆命题都不成立,则原命题的条件是既不充分又不必要的.

3. 从集合的观点解释

若 p 为条件,q 为结论,且设 p 所对应的集合为 $A = \{x \mid p\}$,q 所对应的集合为 $B = \{x \mid q\}$,则

① 若 $A \subseteq B$,就是 $x \in A$ 则 $x \in B$,则 A 是 B 的充分条件,B 是 A 的必要条件;

② 若 $A \subsetneqq B$,就是 $x \in A$ 则 $x \in B$,且 B 中至少有一个元素不在 A 中,则 A 是 B 的充分不必要条件,B 是 A 的必要不充分条件.

③ 若 $A = B$,就是 $A \subseteq B$ 且 $A \supseteq B$,则 A 是 B 的充分条件,同时 A 是 B 的必要条件,即 A 是 B 的充要条件.

④ 若 $A \nsubseteq B$,$A \nsupseteq B$,则 A 是 B 的既不充分也不必要条件.

上面的三种解释中不论哪一种对充分条件、必要条件的解释,都离不开两段式:条件 $\Rightarrow$ 结论,结论 $\Rightarrow$ 条件,这才是根本的描述.

自我测试

1. "$a+c>b+d$"是"$a>b$ 且 $c>d$"的 ( )

A. 必要不充分条件   B. 充分不必要条件

C. 充分必要条件   D. 既不充分也不必要条件

2. 设 $x\in\mathbf{R}$,则"$x=1$"是"$x^3=x$"的 ( )

A. 充分不必要条件   B. 必要不充分条件

C. 充要条件   D. 既不充分也不必要条件

3. 使四边形为菱形的充分条件是 ( )

A. 对角线相等   B. 对角线互相垂直

C. 对角线互相平分   D. 对角线垂直平分

4. 给出下列表格,判断 p 是 q 的何种条件,请在下列结论中选择一项,将其序号填在最后一列中.

① 充分不必要条件,② 必要不充分条件,③ 充要条件,④ 既不充分也不必要条件.

p	q	p 是 q 的
$a>b$	$a+c>b+c$	
两个三角形全等	这两个三角形的面积相等	
有两个角相等	三角形是等腰三角形	
$x<5$	$x<3$	
两直线平行	内错角相等	

1.6　逻辑联结词

学习目标

了解逻辑联结词"或"、"且"、"非"的意义,能用"或"、"且"、"非"进行正确地数学表示.

归纳总结

本单元的学习要注意把握以下几个要点:

1. 复合命题的构成形式有以下三种:"p 或 q"、"p 且 q"、"非 p",能用相应的符号"$p \vee q$"、"$p \wedge q$"、"$\neg p$"正确表示(这里,p,q 均为命题)."非 p"是命题的否定.要注意区分"否命题"与"命题的否定",它们的含义不同,不可混淆.

若原命题是"若 p 则 q",则它的否命题是"若 $\neg p$ 则 $\neg q$",而命题的否定是"若 p 则 $\neg q$".例如,原命题是"同位角相等,两直线平行",它的否命题是"同位角不相等,两直线不平行",而它的否定是"同位角相等,两直线不平行".

注意:任何命题均有否定,无论是真命题还是假命题;而否命题仅针对命题"若 p 则 q"提出来的.

2. 能用逻辑联结词"或"、"且"、"非"将两个简单命题构成复合命题并判断它们的真假.

3. 在判断一个命题是简单命题还是复合命题时,不能只从字面上看有没有"或"、"且"、"非",如命题"菱形的对角线互相垂直平分"是"p 且 q"形式,命题"方程 $x^2-1=0$ 的两个根是 $x=\pm1$"是"p 或 q"形式,它们都是复合命题.

复习巩固

1. 下列语句中是简单命题是　　　　　　　　　　　　　　　　　　　　(　　)

A. $\sqrt{3}$ 不是有理数　　　　　　　　　　B. $\triangle ABC$ 是等腰直角三角形

C. $3x+2\geqslant0$　　　　　　　　　　　　D. 负数的平方是正数

2. 命题"$p:2n-1$ 是奇数$(n\in \mathbf{Z})$","$q:2n+1$ 是偶数$(n\in \mathbf{Z})$",则下列说法中正确的是　　　　　　　　　　　　　　　　　　　　　　　　　　　　(　　)

A. p 或 q 为真　　　B. p 且 q 为真　　　C. 非 p 为真　　　D. 非 q 为假

3. 分别用"p 或 q"、"p 且 q"、"非 p"填空：

命题"非空集合 $A \bigcap B$ 中的元素既是 A 中的元素,也是 B 中的元素"是_____的形式；

命题"非空集合 $A \bigcup B$ 中的元素是 A 中元素或 B 中的元素"是_____的形式；

命题"非空集合 $\complement_U A$ 的元素是 U 中的元素但不是 A 中的元素"是_____的形式.

4. 分别写出由命题"p：平行四边形的对角线相等","q：平行四边形的对角线互相平分"构成的"p 或 q"、"p 且 q"、"非 p"形式的命题并判断它们的真假.

5. 已知复合命题"p 或 q"为真,"非 p"为真,判断 p,q 真假.

拓展延伸

6. 已知"p：方程 $x^2+mx+1=0$ 有两个不相等的负数根","q：$-1<m-2<1$". 若"p 或 q"为真,"p 且 q"为假,求实数 m 的取值范围.

逻辑联结词与逻辑运算

命题逻辑是研究命题如何通过一些逻辑连接词构成更复杂的命题以及逻辑推理的方法.命题是指具有具体意义且又能判断真假的句子.

在数学中,"或"、"且"、"非"这些词叫作逻辑联结词.

"或"作为逻辑联结词,与生活用语中"或者"相近,但两者有区别.生活语言中"或者"是指从联结的几部分中选一,而逻辑联结词"或"是指联结的几部分中至少选一.

"且"作为逻辑联结词,与生活用语中"既……"相同,表示两者都要满足的意思,在日常生活中经常用"和"、"与"代替.

"非"作为逻辑联结词的意义就是日常生活用语中的"否定",而且是"全盘否定".

逻辑联结词是逻辑知识的基础,是学生能否掌握和判断一个事物并形成正确的逻辑思维能力的关键,所以逻辑联结词"或"、"且"、"非"的含义以及含有逻辑联结词的复合命题的理解和应用应是本节内容学习的重点和难点.

如果我们把命题看做运算的对象,如同代数中的数字、字母或代数式,而把逻辑联结词看做运算符号,就像代数中的"加、减、乘、除"那样,那么由简单命题组成复合命题的过程,就可以当做逻辑运算的过程,也就是命题的演算.

逻辑运算同代数运算一样具有一定的性质,满足一定的运算规律.例如满足交换律、结合律、分配律,同时还满足逻辑上的同一律、吸收律、双重否定律、德摩根定律等等.利用这些定律,我们可以进行逻辑推理,可以简化复合命题,可以推证两个复合命题是否等价等等.这些推理和证明在计算机程序设计、程序正确性证明和程序设计语言以及人工智能等诸多方面都有应用.

自我测试

1. 命题"梯形的两对角线不互相平分"的形式为 （ ）

A. p 或 q B. p 且 q

C. 非 p D. 简单命题

2. "$a^2+b^2\neq0$"的含义是 （ ）

A. a,b 不全为 0 B. a,b 全不为 0

C. a,b 中至少有一个为 0 D. a,b 中没有 0

3. 对命题"$p:A\cap\varnothing=\varnothing$",命题"$q:A\cup\varnothing=A$",下列说法正确的是 （ ）

A. p 且 q 为假 B. p 或 q 为假

C. 非 p 为真 D. 非 p 为假

4. 如果命题"非 p"为真,命题"p 且 q"为假,那么则有　　　　　　　　（　　）

A. q 为真　　　　　　　　　　　　　B. q 为假

C. p 或 q 为真　　　　　　　　　　D. p 或 q 不一定为真

5. 由命题"p:矩形有外接圆","q:矩形有内切圆"组成的复合命题"p 或 q"、"p 且 q"、"非 p"形式的命题中真命题是_____.

1.7　全称量词与存在量词

1.7.1　量词

学习目标

　　1. 理解全称量词与存在量词的含义,能用全称量词与存在量词叙述简单的数学内容;

　　2. 能判断全称命题与存在性命题的真假.

归纳总结

　　本单元的学习要注意把握以下几个要点:

　　1. 要通过生活和数学中丰富的实例,理解全称量词或存在量词的含义并能用相应的符号"$\forall$、$\exists$"正确表示."$\forall x$"、"$\exists x$"分别读作:"任意 x"、"存在 x".

　　2. 有些命题出于叙述简洁方便的需要而省略了其中的量词,这时要注意根据命题的叙述对象的特征,发现隐含的量词. 例如,"三角形的内角和是 $180°$",表明任意一个三角形的内角和都是 $180°$,它隐含了全称量词. 又如,"点 P 在直线 l 上",表明有一个点 P 在直线 l 上,它隐含了存在量词.

　　3. 全称命题的一般形式可表示为:$\forall x \in M, p(x)$;

　　存在性命题一般形式可表示为:$\exists x \in M, p(x)$.

复习巩固

1. 下列命题:

① 至少有一个 x 使 $x^2 + 2x + 1 = 0$ 成立;　② 对任意的 x 都有 $x^2 + 2x + 1 = 0$ 成立;　③ 对任意的 x 都有 $x^2 + 2x + 1 = 0$ 不成立;　④ 存在 x 使 $x^2 + 2x + 1 = 0$ 成立.

其中是全称命题的有　　　　　　　　　　　　　　　　　　(　　)

A. 1个　　　　　　　B. 2个　　　　　　　C. 3个　　　　　　　D. 0

2. 给出命题:

① $\exists x \in \mathbf{R}$,使 $x^3 < 1$;　② $\exists x \in \mathbf{Q}$,使 $x^2 = 2$;　③ $\forall x \in \mathbf{N}$,有 $x^3 > x^2$;　④ $\forall x \in \mathbf{R}$,有 $x^2 + 1 > 0$.

其中的真命题是　　　　　　　　　　　　　　　　　　　　(　　)

A. ①④　　　　　　　B. ②③　　　　　　　C. ①③　　　　　　　D. ②④

灵活运用

3. 下列各题中变量的取值范围都是整数集,判断下列命题的真假:

(1) $\forall n, n^2 \geqslant n$;

(2) $\forall n, n^2 < n$;

(3) $\forall n, \exists m, m^2 < n$;

(4) $\exists n, \forall m, nm = m$.

拓展延伸

4. 已知一次函数 $y = kx + 1$,已知 $\forall x \in [0, 1]$,$y \leqslant 1$ 都成立,试求实数 k 的取值范围.

全称命题与存在性命题

　　在语句中含有短语"所有""每一个""任何一个""任意一个""一切"等都是在指定范围内表示整体或全部的含义,这样的词叫作全称量词。"存在一个""至少有一个"等都是在指定范围内表示部分或局部的含义,这样的词叫作存在量词.

　　含有全称量词的命题叫作全称命题,含有存在量词的命题叫作存在性命题.全称量词的否定是存在量词,存在量词的否定是全称量词.

　　全称命题:其公式为"所有 S 是 P".

　　存在性命题:其公式为"有的 S 不是 P".

　　全称命题,可以用全称量词,也可以没有任何的量词标志,用"都"等副词的主语重复的形式来表达,甚至有时可省略量词,如"棱柱是多面体"等,它指的是"所有棱柱都是多面体".

　　由于代数定理使用的是全称量词,因此每个代数定理都是一个特强的条件.也正是全称量词使得使用代入规则进行恒等变换是代数推理的核心.

自我测试

1. 判断下列命题是全称命题还是存在性命题,并将相关结论写在题后的括号内.

(1) 凡是质数都是奇数;   (   )

(2) 方程 $2x^2+1=0$ 有实数根;   (   )

(3) 没有一个无理数不是实数.   (   )

2. "$\forall x \in \mathbf{R},\ ax^2-2ax+3>0$"是真命题,则实数 a 的取值范围是_____.

3. 用量词符号"$\forall$","$\exists$"表达下列问题:

(1) 凸 n 边形的外角和等于 2π;

(2) 至少有一个实数不能取对数.

1.7.2 含有一个量词的命题的否定

学习目标

1. 理解对含有一个量词的命题(全称命题或存在性命题)的否定;

2. 能正确地对含有一个量词的命题进行否定并判断真假.

归纳总结

本单元的学习要注意把握以下要点:

一般地,对含有一个量词的命题的否定有如下范式:

"$\forall x \in M, p(x)$"的否定为"$\exists x \in M, \neg p(x)$";

"$\exists x \in M, p(x)$"的否定为"$\forall x \in M, \neg p(x)$".

例如,"所有的人都打球"的否定是"有的人不打球","有的质数是偶数"的否定是"所有的质数是奇数".

复习巩固

1. 命题"存在 $x_0 \in \mathbf{R}, 2^{x_0} \leqslant 0$"的否定是 （ ）

A. 不存在 $x_0 \in \mathbf{R}, 2^{x_0} > 0$

B. 存在 $x_0 \in \mathbf{R}, 2^{x_0} \geqslant 0$

C. 对任意的 $x \in \mathbf{R}, 2^{x} \leqslant 0$

D. 对任意的 $x \in \mathbf{R}, 2^{x} > 0$

2. 命题"$\forall x \in \mathbf{R}, x^2 - x + 3 > 0$"的否定是 _____.

3. 已知命题 p 为"对每一个无理数 x, x^2 也是无理数"，则命题 $\neg p$ 是 _____.

灵活运用

4. 命题"所有人都遵纪守法"的否定为 （ ）

A. 所有人都不遵纪守法

B. 有的人遵纪守法

C. 有的人不遵纪守法

D. 很多人不遵纪守法

拓展延伸

5. 命题"$\forall x \in \mathbf{Q}, x^2 - 3 \neq 0$"的否定是 _____.

数学链接

"否定之否定规律"

　　"否定之否定规律"亦称"肯定否定规律"，是唯物辩证法的基本规律之一. 事物的发展是通过他自身的辩证否定实现的. 事物都是肯定方面和否定方面的统一. 当肯定方面居于主导地位时，事物保持现有的性质、特征和倾向；当事物内部的否定方面战胜肯定方面并居于矛盾的主导地位时，事物的性质、特征和趋势就发生变化，旧事物就转化为新事物. 否定是对旧事物的质的根本否定，但不是对旧事物的简单抛弃，而是变革和继承相统一的扬弃.

　　否定之否定规律，揭示了事物由肯定到否定，再到否定之否定的发展过程，它是事物完善自己、发展自己的一个有规律的过程. 在这个过程中事物的发展表现出周期性，即每一个事物的发展都是从肯定到否定，再由否定到新的否定，似乎又回到了原来的起点，即完成了一个周期. 在这一周期中，事物的发展经历了两次否定，每一次否定都不是简单的抛弃，而是把前阶段发展的一切成果中有用的成分保留了下来. 因此，在事物发展的否定之否定即新的肯定阶段，并不是简单地再现原事物，简单地回到原来的出发点，而是形式的回复、内容的发展，是一个前进和上升的发展过程.

否定之否定规律侧重揭示的是事物变化的方向和道路.事物发展的周期包括三个阶段,即肯定阶段、否定阶段、否定之否定阶段即新的肯定阶段,事物发展过程中的每一阶段,都是对前一阶段的否定,同时它自身也被后一阶段再否定,反映了事物发展道路的起伏性和曲折性.

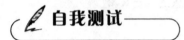 自我测试

1. 给出下列四个命题:

① 有理数是实数;　② 有些平行四边形不是菱形;

③ $\forall x \in \mathbf{R}, x^2 - 2x > 0$;　④ $\exists x \in \mathbf{R}, 2x + 1$ 为奇数;

以上命题的否定为真命题的序号依次是　　　　　　　　　　　　　　(　　)

A. ①④　　　　　　B. ①②④　　　　　C. ①②③④　　　　　D. ③

2. 全称命题"所有被 5 整除的整数都是奇数"的否定是　　　　　　　(　　)

A. 所有被 5 整除的整数都不是奇数

B. 所有奇数都不能被 5 整除

C. 存在一个被 5 整除的整数不是奇数

D. 存在一个奇数,不能被 5 整除

3. 命题"所有自然数的平方都是正数"的否定为　　　　　　　　　　(　　)

A. 所有自然数的平方都不是正数

B. 有的自然数的平方是正数

C. 至少有一个自然数的平方是正数

D. 至少有一个自然数的平方不是正数

4. 写出下列命题的否定:

(1) $\forall x \in \mathbf{R}, 3x \neq x$;

(2) $\exists x \in \{-2, -1, 0, 1, 2\}, |x - 2| < 2.$

1.7 单元测试

1. 下列命题：① 每一个二次函数的图象都开口向上；② 对于任意非正数 c，若 $a \leqslant b$，则 $a \leqslant b + c$；③ 存在一条直线与两个相交平面都垂直；④ 存在一个实数 x，使不等式 $x^2 - 3x + 6 < 0$ 成立. 其中既是全称命题又是真命题的有_____.

2. 命题"存在实数 x，使 $x^2 - x + 1 = 0$"的否定为_____.

3. 已知命题"p：所有有理数都是实数"，命题"q：正数的对数都是负数"，则下列命题中为真命题的是 ( )

A. $(\neg p) \vee q$ B. $p \wedge q$

C. $(\neg p) \wedge (\neg q)$ D. $(\neg p) \vee (\neg q)$

4. 写出下列命题的否定，并判断其真假.

(1) 所有的质数都是奇数；

(2) 线段的垂直平分线上的点到这条线段两个端点的距离相等；

(3) 对任意 $x \in \mathbf{Z}$，x^2 的个位数字不等于 3；

(4) 有的三角形是等边三角形；

(5) 没有一个无理数不是实数；

(6) 有一个实数 x，使 $x^2 + 2x + 3 = 0$.

第一章综合测试

一、选择题

1. 已知集合 $A=\{x\,|-2\leqslant x\leqslant 3\}$，集合 $B=\{x\,|-1<x<4\}$，则 $A\cap B$ 等于

( )

    A. $[-2,4]$ B. $[-1,3]$ C. $(-1,3]$ D. $(-1,3)$

2. 设集合 $A=\{4,5,7,9\}$，$B=\{3,4,7,8,9\}$，全集 $U=A\cup B$，则集合 $\complement_U(A\cap B)$ 中的元素共有

( )

    A. 3 个   B. 4 个   C. 5 个   D. 6 个

3. 集合 $A=\{0,2,a\}$，$B=\{1,a^2\}$，若 $A\cup B=\{0,1,2,4,16\}$，则 a 的值为 ( )

    A. 0   B. 1   C. 2   D. 4

4. 已知集合 $A=\{1,3,5,7,9\}$，$B=\{0,3,6,9,12\}$，则 $A\cap\complement_N B=$ ( )

    A. $\{1,5,7\}$ B. $\{3,5,7\}$

    C. $\{1,3,9\}$ D. $\{1,2,3\}$

5. "$a<0$" 是 "实系数一元二次方程 $x^2+2x+a=0$ 有实数根" 的 ( )

    A. 必要不充分条件   B. 充分不必要条件

    C. 充要条件   D. 既不充分也不必要条件

二、填空题

6. 命题"若 $ab>0$，则 a,b 同号"的逆否命题为＿＿＿＿＿＿＿＿．

7. 已知集合 $A=\{x\,|\,x\leqslant 1\}$，$B=\{x\,|\,x\geqslant a\}$，且 $A\cup B=\mathbf{R}$，则实数 a 的取值范围是＿＿＿＿＿＿．

8. 命题"$\forall x\in\mathbf{R},ax+3>0$"是真命题，则实数 a 的取值范围是＿＿＿＿＿＿＿＿．

9. 集合 $M=\{m\,|\,m=2a-1,a\in\mathbf{Z}\}$ 与 $N=\{n\,|\,n=6b\pm 1,b\in\mathbf{Z}\}$ 之间的关系是＿＿＿＿＿＿＿＿．

10. 一元二次方程 $ax^2+bx+c=0$ 有一正根和一个负根的充分不必要条件是＿＿＿＿＿＿＿＿＿＿．（写出一个即可）

11. 集合 $A=\{a^2,a+1,-3\}$，$B=\{a-3,2a-1,a^2+1\}$，$A\cap B=\{-3\}$，则 a 的值为＿＿＿＿＿＿．

12. 集合 $M=\{x\,|\,x=\dfrac{n}{2},n\in\mathbf{Z}\}$，$N=\{x\,|\,x=n+\dfrac{1}{2},n\in\mathbf{Z}\}$，则 M,N 的关系是＿＿＿＿＿＿．

三、解答题

13. 已知 **R** 为全集，$A=\{x\,|\,0<3-x\leqslant 4\}$，$B=\{x\,|\,-2<x\leqslant 3\}$，求 $\complement_{\mathbf{R}}(A\cap B)$.

14. 写出由下列各组命题构成的"p 或 q"、"p 且 q"、"非 p"形式的命题，并判断它们的真假：

(1) p 为 $1\in\mathbf{Z}$，q 为 $1\in\mathbf{Q}$；

(2) p 为 $3>2$，q 为 $3=2$；

(3) p 为平行四边形的对角线相等，q 为平行四边形的对角线互相垂直.

15. 已知集合 $M=\{x\,|\,2x+1\geqslant 0\}$，集合 $N=\{x\,|\,x^2-(a+1)x+a<0\}$，若 $N\subseteq M$，求实数 a 的取值范围.

16. 设 $A=\{x\,|\,x^2-3x+2=0\}$，$B=\{x\,|\,x^2-ax+2=0\}$，若 $A\cup B=A$，求实数 a 的取值范围.

第二章 不等式（Ⅰ）

2.1 一元二次不等式

2.1.1 一元二次不等式

学习目标

经历从实际情境中抽象出一元二次不等式模型的过程.

归纳总结

本单元的学习要注意把握以下几个要点：

1. 不等式与函数、方程一样都是重要的数学模型，是解决许多实际问题的重要工具.

2. 一元二次不等式经过整理，可化成为 $ax^2+bx+c>0(a>0)$ 或 $ax^2+bx+c<0(a>0)$ 两种形式之一，我们将这两种形式称为一元二次不等式的一般形式.

复习巩固

用适当的数学模型表示下列问题(不求解)：

1. 用一根长为 10 m 的绳子能围成一个面积大于 6 m² 的矩形吗？

2. 某种型号的汽车在水泥路面上的刹车距离 s m 和汽车车速 x km/h 有如下关系：$s = \frac{1}{20}x + \frac{1}{180}x^2$. 在一次交通事故中，测得这种车的刹车距离大于 39.5 m，那么这辆车刹车前的车速至少是多少？

 灵活运用

3. 一个车辆制造厂引进了一条自行车整车装配流水线，这条流水线生产的自行车数量 x(辆)与创造的价值 y(元)之间有如下的关系：$y = -2x^2 + 320x$. 若这家工厂希望在一个星期内利用这条流水线创收 10 000 元以上，那么它在一个星期内大约应该生产多少辆自行车？（列出关系式，不求解）

拓展延伸

4. 某商人如果将进货单价为 8 元的商品按每件 10 元出售,每天可销售 100 件,现在他采用提高售价、减少进货量的办法增加利润.已知这种商品每件销售价提高 1 元,销售量就减少 10 件,问销售价定为多少元时,才能保证每天所赚的利润在 300 元以上?(列出关系式,不求解)

数学链接

数学建模

数学建模是一种数学的思考方法,是运用数学的语言和方法,通过抽象、简化建立能近似刻画并"解决"实际问题的一种强有力的数学手段.

当需要从定量的角度分析和研究一个实际问题时,人们就要在深入调查研究、了解对象信息、作出简化假设、分析内在规律等工作的基础上,用数学的符号和语言,把它表述为数学式子,也就是数学模型.(数学模型一般是实际事物的一种数学简化.它常常是以某种意义上接近实际事物的抽象形式存在的,但它和真实的事物有着本质的区别.)然后用通过计算得到的模型结果来解释实际问题,并接受实际的检验.这个建立数学模型的全过程就称为数学建模.

数学建模是联系数学与实际问题的桥梁,是数学在各个领域广泛应用的媒介,是数学科学技术转化的主要途径,数学建模在科学技术发展中的重要作用越来越受到数学界和工程界的普遍重视,它已成为现代科技工作者必备的重要能力之一.

应用数学去解决各类实际问题时,建立数学模型是十分关键的一步,同时也是十分困难的一步.建立教学模型的过程,是把错综复杂的实际问题简化、抽象为合理的数学结构的过程.要通过调查、收集数据资料,观察和研究实际对象的固有特征和内在规律,抓住问题的主要矛盾,建立起反映实际问题的数量关系,然后利用数学的理论和方法去分析和解决问题.这就需要深厚扎实的数学基础,敏锐的洞察力和想象力,对实际问题的浓厚兴趣和广博的知识面.

在初等数学中,不等式与函数、方程都是重要的数学模型,是解决许多实际问题的重要工具.

自我测试

国家为了加强对烟酒生产的宏观管理,实行征收附加税政策.已知某种烟每条 120 元不加收附加税时,每年大约销售 65 万条;若政府征收附加税每销售 100 元要征收 R 元(叫作税率 $R\%$),则每年的销售量将减少 $5R$ 万条.要使每年在此项经营中所收取的附加税不少于 240 万元,R 应怎样确定?（用适当的数学模型表示问题,不求解）.

2.1.2 一元二次不等式的解法

学习目标

结合二次函数的图象了解一元二次不等式与相应二次函数、一元二次方程的联系,会解一元二次不等式.

归纳总结

本单元的学习要注意把握以下几个要点:

1. 一元二次不等式的解法

(1)图象法(利用抛物线图象)

当二次项系数为正数时,一元二次不等式与相应一元二次方程、二次函数三者之间(三个二次)的关系如下图所示.

判别式 $\Delta=b^2-4ac$	$\Delta>0$	$\Delta=0$	$\Delta<0$
方程 $ax^2+bx+c=0$ 的根	有两相异实根 $x_1,x_2(x_1<x_2)$	有两相等实根 $x_1=x_2=-\dfrac{b}{2a}$	没有实数根
二次函数 $y=ax^2+bx+c$ 的图象			
$ax^2+bx+c>0$ 的解集	$(-\infty,x_1)\cup(x_2,+\infty)$	$\left(-\infty,-\dfrac{b}{2a}\right)\cup\left(-\dfrac{b}{2a},+\infty\right)$	$\mathbf{R}$
$ax^2+bx+c<0$ 的解集	(x_1,x_2)	$\varnothing$	$\varnothing$

当二次项系数为负数时,可利用不等式的性质,转化为上述情况.

这种解法体现了数形结合的思想.利用这种方法解一元二次不等式时,一般要画出与之对应的二次函数的图象.

(2) 转化法:

当一元二次不等式 $ax^2+bx+c>0(a>0)$ 可化为 $a(x-x_1)(x-x_2)>0(a>0)$ 时,则原不等式的解集是以下两个一元一次不等式组

$$\begin{cases} x-x_1>0, \\ x-x_2>0 \end{cases} \text{或} \begin{cases} x-x_1<0, \\ x-x_2<0 \end{cases} \text{解集的并集.}$$

例如,解不等式: $x^2-3x+2<0$.

解:原不等式可化为 $(x-1)(x-2)<0$,由不等式的符号可知原不等式等价于以下两个一元一次不等式组

$$\begin{cases} x-1<0, \\ x-2>0 \end{cases} \text{或} \begin{cases} x-1>0, \\ x-2<0, \end{cases}$$

解得, $1<x<2$.

所以,原不等式的解集为 $\{x \mid 1<x<2\}$.

这种解法体现了降次转化的思想方法.利用"化归"思想还可求出形如 $\dfrac{x-2}{x+1} \leqslant 0$ 的不等式的解集.

2. 一元二次不等式解法所包含的数学思想

在一元二次不等式解法中充分运用了"函数与方程""数形结合""化归"等数学思想方法.

复习巩固

1. 二次函数 $y=ax^2+bx+c(x \in \mathbf{R})$ 的部分对应值如下表:

x	-3	-2	-1	0	1	2	3	4
y	6	0	-4	-6	-6	-4	0	6

则方程 $ax^2+bx+c=0$ 的根是_____,函数 $y=ax^2+bx+c$ 的图象开口_____,不等式 $ax^2+bx+c>0$ 解集是_____,不等式 $ax^2+bx+c<0$ 解集是_____.

2. 不等式 $x^2>x$ 的解集是_____.

3. 若集合 $A=\{x \mid x^2-x \leqslant 0\}$, $B=\{x \mid -1<x<2\}$,则 $A \bigcap B=$_____.

4. 不等式 $x^2-3x<10$ 的整数解是_____.

5. 已知集合 $A=\{x \mid a \leqslant x \leqslant 2a\}$, $B=\{x \mid x^2-5x+4 \geqslant 0\}$. 若 $A \bigcap B=\varnothing$,则实数 a 的取值范围是_____.

6. 用一根长为 10 m 的绳子能围成一个面积大于 $6 \, \text{m}^2$ 的矩形吗?

灵活运用

7. 解关于 x 的不等式 $x^2 - (2+a)x + 2a < 0$.

拓展延伸

8. 不等式 $mx^2 - mx - 1 < 0$ 对任意实数 x 恒成立, 求 m 的取值范围.

近代科学的始祖——笛卡尔

一元二次不等式的图象解法是利用三个二次的关系,通过数形结合得出一元二次不等式的解集,这其中二次函数的图象提供了有利的帮助,这要感谢笛卡尔,他写的《几何学》提供了这种数形结合的思想.

勒奈·笛卡尔,1596年3月31日生于法国都兰城,是一名伟大的哲学家、物理学家、数学家、生理学家.

笛卡尔从小就对周围的事物充满了好奇,对各种知识特别是数学深感兴趣.养成了喜欢安静、善于思考的习惯.笛卡尔一生中最著名的思想就是"我思故我在".

笛卡尔最杰出的成就是在数学发展上创立了解析几何学.在笛卡尔之前,几何与代数是数学中两个不同的研究领域.笛卡尔站在方法论的自然哲学的高度,认为希腊人的几何学过于依赖图形,束缚了人的想象力.对于当时流行的代数学,他觉得它完全从属于法则和公式,不能成为一门改进智力的科学.因此他提出必须把几何与代数的优点结合起来,建立一种"真正的数学".笛卡尔的思想核心是:把几何学的问题归结成代数形式的问题,用代数学的方法进行计算、证明,从而达到最终解决几何问题的目的.1637年,笛卡尔发表了《几何学》,创立了直角坐标系.他用平面上的一点到两条固定直线的距离来确定点的位置,用坐标来描述空间上的点.他进而又创立了解析几何学,表明了几何问题不仅可以归结成为代数形式,而且可以通过代数变换来实现发现几何性质,证明几何性质.解析几何的出现,改变了自古希腊以来代数和几何分离的趋向,把相互对立着的"数"与"形"统一了起来,使几何曲线与代数方程相结合.笛卡尔的这一天才创见,更为微积分的创立奠定了基础,从而开拓了变量数学的广阔领域.最为可贵的是,笛卡尔用运动的观点,把曲线看成点的运动的轨迹,不仅建立了点与实数的对应关系,而且把"形"(包括点、线、面)和"数"两个对立的对象统一起来,建立了曲线和方程的对应关系.这种对应关系的建立,不仅标志着函数概念的萌芽,而且表明变数进入了数学,使数学在思想方法上发生了伟大的转折——由常量数学进入变量数学的时期.正如恩格斯所说:"数学中的转折点是笛卡尔的变数.有了变数,运动进入了数学,有了变数,辩证法进入了数学,有了变数,微分和积分也就立刻成为必要了."

笛卡尔堪称17世纪及其后的欧洲哲学界和科学界最有影响的巨匠之一,被誉为"近代科学的始祖".

自我测试

1. 解下列不等式:

(1) $2x^2 - 5x + 3 > 0$;

(2) $-2x^2 + x - 3 \geq 0$;

(3) $x(x+1)\leqslant 0$;　　　　　　　　　　(4) $2x^2+3x+4>0$.

2. 设集合 $A=\{x\mid x>3\}$，$B=\{x\mid (x-3)(x-4)<0\}$，则 $A\cap B=(\quad)$

A. $\varnothing$　　　　　　B. $(3,4)$　　　　　　C. $(-2,1)$　　　　　　D. $(4,+\infty)$

3. 已知全集 $U=\mathbf{R}$，集合 $A=\{x\mid x^2-2x>0\}$，则 $\complement_U A=$　　　　　　　　（　　）

A. $\{x\mid 0\leqslant x\leqslant 2\}$　　　　　　　　B. $\{x\mid 0<x<2\}$

C. $\{x\mid x<0$ 或 $x>2\}$　　　　　　　　D. $\{x\mid x\leqslant 0$ 或 $x\leqslant 2\}$

4. $A=\{x\mid (x-1)^2<4x-7\}$，则 $A\cap\mathbf{Z}=$_____.

5. (1)当 x 是何值时，函数 $y=-x^2+5x+14$ 的值是 0？

(2)当 x 在什么范围内取值时，函数 $y=-x^2+5x+14$ 的值是①正数；②负数？

6. 已知不等式 $ax^2+x+c>0$ 的解集是 $\{x\mid 3<x<4\}$，求实数 a,c 的值.

7. 已知二次函数 $y=(m-2)x^2+2(m-2)x+4$ 的值恒大于零，求 m 的取值范围.

8. 某小型服装厂生产一种风衣，日销货量 x 件与货价 p 元/件之间的关系为 $p=160-2x$，生产 x 件所需成本为 $C=500+30x$ 元，问：该厂日产量多大时，日获利不少于 1 300 元？

2.1 单元测试

1. 已知集合 $M = \{x \mid (x+2)(x-1) < 0\}, N = \{x \mid x+1 < 0\}$，则 $M \bigcap N =$

( )

A. $(-1,1)$ B. $(-2,1)$ C. $(-2,-1)$ D. $(1,2)$

2. 已知集合 $A = \{x \mid x^2+3x-18 > 0\}, B = \{x \mid (x-k)(x-k-1) \leqslant 0\}$，若 $A \bigcap B \neq \varnothing$，则 k 的取值范围是_____.

3. 集合 $A = \{x \mid -1+a \leqslant x \leqslant 1+a\}, B = \{x \mid x^2-5x+4 \geqslant 0\}$，若 $A \bigcap B = \varnothing$，则实数 a 的取值范围是_____.

4. 若关于 x 的方程 $x^2+2(k-1)x+2k^2-7=0$ 有两个不相等的实数根，求实数 k 的取值范围.

5. 解不等式：$x+\sqrt{x} < 6$.

6. 解不等式：$x^4-3x^2-10 < 0$.

7. 国家为了加强对烟酒生产的宏观管理，实行征收附加税政策. 已知某种烟每条 120 元不加收附加税时，每年大约销售 65 万条；若政府征收附加税每销售 100 元要征收 R 元（叫作税率 $R\%$），则每年的销售量将减少 $5R$ 万条. 要使每年在此项经营中所收取的附加税不少于 240 万元，R 应怎样确定？

2.2 绝对值不等式

学习目标

理解绝对值的几何意义,掌握绝对值不等式的概念与性质,会解一些简单的绝对值不等式.

归纳总结

本单元的学习要注意把握以下几个要点:

1. 解绝对值不等式的主要思路是:去掉绝对值符号,等价转化为不含绝对值符号的不等式或不等式组来解.常用的去绝对值符号的方法主要有:

(1) 利用等价命题,不等式 $|x| < a(a > 0)$ 的解集是 $\{x | -a < x < a\}$,不等式 $|x| > a(a > 0)$ 的解集是 $\{x | x < -a, \text{或} x > a\}$.

注意,$|x| < a(a > 0)$ 的解不能写成 $x < \pm a$,$|x| > a(a > 0)$ 的解不能写成 $x > \pm a$.

(2) 平方法.

(3) 利用绝对值的定义分段讨论.

2. 把不等式 $|x| < a(a > 0)$ 与 $|x| > a(a > 0)$ 中的 x 替换成 $bx + c$,就可以得到形如 $|bx + c| < a(a > 0)$ 与 $|bx + c| > a(a > 0)$ 的不等式,不等式 $|bx + c| < a(a > 0)$ 的解集是不等式 $bx + c < a$ 与 $bx + c > -a$ 的解集的交集,不等式 $|bx + c| > a(a > 0)$ 的解集是不等式 $bx + c > a$ 与 $bx + c < -a$ 的解集的并集.这时原不等式转化成一元一次不等式(组).

复习巩固

1. 解不等式:

(1) $|x - 2| \geqslant 3$;

(2) $2+|3-2x|<4$.

2. 设集合 $A=\left\{x\left|-\dfrac{1}{2}<x<2\right.\right\}$，$B=\{x\,|\,|x|\leqslant 1\}$，则 $A\bigcup B=$ （   ）

A. $\{x\,|-1\leqslant x<2\}$

B. $\left\{x\left|-\dfrac{1}{2}<x\leqslant 1\right.\right\}$

C. $\{x\,|\,x<2\}$

D. $\{x\,|\,1\leqslant x<2\}$

3. 已知全集 $U=\mathbf{R}$，表示集合 $M=\{x\,|\,|x-1|\leqslant 2\}$，$N=\{x\,|\,x=2k-1,k=1,$ $2,3,\cdots\}$ 关系的韦恩(Venn)图如图所示，则阴影部分所示的集合的元素共有 （   ）

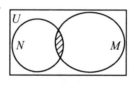

第 3 题

A. 3 个   B. 2 个   C. 1 个   D. 无穷多个

4. "$|x|<2$" 是 "$x^2-x-6<0$" 的什么条件？ （   ）

A. 充分而不必要

B. 必要而不充分

C. 充要

D. 既不充分也不必要

5. 解不等式：$2<|2x-5|\leqslant 7$.

6. 已知集合 $A=\{x\,|\,|x-a|\leqslant 1\}$，$B=\{x\,|\,x^2-5x+4\geqslant 0\}$. 若 $A\bigcap B=\varnothing$，求实数 a 的取值范围.

7. 解不等式：$x^2 - 2|x| - 3 > 0$.

拓展延伸

8. 设集合 $A = \{x \mid (ax - 5)(x^2 - a) > 0\}$，集合 $B = \{x \mid |x - a| < 1\}$，已知命题 $p: 3 \in A$，命题 $q: 5 \in B$，若 p 且 $\neg q$ 为真命题，求实数 a 的取值范围.

化归——解决数学问题常用的思想方法

数学链接　　解绝对值的不等式的思路是将含绝对值的不等式同解变形为不含绝对值的不等式，这是一种化归的思想方法.

化归，是指将有待解决或未解决的问题，通过转化过程，归结为一类已经解决或较易解决的问题，以求得解决. 化归是解决数学问题常用的思想方法.

客观事物是不断发展变化的，事物之间的相互联系和转化，是现实世界的普遍规律. 数学中充满了矛盾，如已知和未知、复杂和简单、熟悉和陌生、困难和容易等，实现这些矛盾的转化，化未知为已知，化复杂为简单，化陌生为熟悉，化困难为容易，都是化归的思想实质. 任何数学问题的解决过程，都是一个未知向已知转化的过程，是一个等价转化的过程. 化归是基本而典型的数学思想. 我们学习数学时，也经常用到它，如化生为熟、化难为易、化繁为简、化曲为直等. 如，在平面图形求积公式中，就以化归思想、转化思想等为理论武器，实现长方形、正方形、平行四边形、三角形、梯形和圆形的面积计算公式间的同化和顺应，从而构建和完善了认知结构.

自我测试

1. 解下列不等式：

(1) $|3x| < 1$；

(2) $\left|\dfrac{1}{5}x\right| \geqslant 5$.

2. 不等式 $|2-x| > 3$ 的解集是 （ ）

A. $\{x \mid x < 5\}$ B. $\{x \mid -1 < x < 5\}$

C. $\{x \mid x < 5\}$ D. $\{x \mid x < -1$ 或 $x > 5\}$

3. 设不等式 $|2x-1| < 1$ 的解集为 A，不等式 $|x-3| < 2$ 的解集为 B，则 $A \cup B$ 为 （ ）

A. $\left\{x \mid 1 < x < \dfrac{6}{5}\right\}$ B. $\varnothing$

C. $\{x \mid 0 < x < 1$ 或 $1 < x < 5\}$ D. $\{x \mid 0 < x < 5\}$

4. 已知不等式 $|ax+2| < 8$ 的解集为 $\{x \mid -3 < x < 5\}$，则 a 的值是 （ ）

A. $\dfrac{1}{4}$ B. $\dfrac{5}{8}$ C. -2 D. 2

5. 设集合 $S = \{x \mid |x| < 5\}$，$T = \{x \mid (x+7)(x-3) < 0\}$，则 $S \cap T =$ （ ）

A. $\{x \mid -7 < x < -5\}$ B. $\{x \mid 3 < x < 5\}$

C. $\{x \mid -5 < x < 3\}$ D. $\{x \mid -7 < x < 5\}$

6. 已知 $A=\{x\mid\mid x-1\mid<2\}$，$B=\{x\mid x+a>0\}$，若 $A\subseteq B$，求实数 a 的取值范围.

7. 已知，$\mid x-1\mid\leqslant 2$ 且 $\mid x-a\mid\leqslant 2$.

(1) 当 $a<0$ 时，求实数 x 的取值范围构成的集合；

(2) 若 x 的范围构成的集合是空集，求实数 a 的取值范围.

第二章综合测试

一、选择题

1. 不等式 $x^2 - 4x - 5 > 0$ 的解集是 （ ）

A. $\{x \mid 0 < x < 5\}$　　　　B. $\{x \mid -1 < x < 5\}$

C. $\{x \mid -1 < x < 0\}$　　　　D. $\{x \mid x < -1 \text{ 或 } x > 5\}$

2. 设不等式 $x^2 - x \leqslant 0$ 的解集为 $M, N = \{x \mid |x| < 1\}$，则 $M \cap N$ 为 （ ）

A. $[0, 1)$　　　　B. $(0, 1)$　　　　C. $[0, 1]$　　　　D. $(-1, 0]$

3. $x^2 - 2|x| - 3 > 0$ 的解集为 （ ）

A. $\{x \mid x > 3\}$　　　　B. $\{x \mid x < -3, \text{ 或 } x > 3\}$

C. $\{x \mid 0 < x < 1, \text{ 或 } x > 3\}$　　　　D. $\{x \mid -3 < x < 3\}$

4. 若 $m < 0$，则不等式 $35x^2 - 2mx < m^2$ 的解集为 （ ）

A. $\left\{x \mid -\dfrac{m}{7} < x < \dfrac{m}{5}\right\}$　　　　B. $\left\{x \mid x > -\dfrac{m}{7}, \text{ 或 } x < \dfrac{m}{5}\right\}$

C. $\left\{x \mid \dfrac{m}{5} < x < -\dfrac{m}{7}\right\}$　　　　D. $\varnothing$

5. 不等式 $\left|\dfrac{x+1}{x-1}\right| < 1$ 的解集为 （ ）

A. $\{x \mid 0 < x < 1\} \cup \{x \mid x > 1\}$　　　　B. $\{x \mid 0 < x < 1\}$

C. $\{x \mid -1 < x < 0\}$　　　　D. $\{x \mid x < 0\}$

二、填空题

6. 不等式 $x^2 > 2x$ 的解集是_____．

7. 不等式 $|2x - 1| < 1$ 的解集是_____．

8. 若 $ax^2 + 5x + c > 0$ 的解集为 $\left(\dfrac{1}{3}, \dfrac{1}{2}\right)$，则 $a + c =$ _____．

9. 已知集合 $A = \{x \mid |x - a| \leqslant 1\}, B = \{x \mid x^2 - 5x + 4 \geqslant 0\}$．若 $A \cap B = \varnothing$，则实数 a 的取值范围是_____．

10. 不等式 $4 \leqslant x^2 - 3x < 18$ 的整数解是_____．

三、解答题

11. 解下列不等式：

(1) $x^2 - 7x + 12 > 0$;　　　　(2) $-x^2 - 2x + 3 \geqslant 0$;

(3) $x^2 - 2x + 1 < 0$；

(4) $x^2 - 2x + 2 > 0$.

12. 若关于 x 的方程 $x^2 + 2(k-1)x + 3k^2 - 11 = 0$ 有两个不相等的实数根，求实数 k 的取值范围.

13. 已知关于 x 的不等式 $x^2 - 2x + |k-1| > 0$ 对于一切实数 x 恒成立，求实数 k 的取值范围.

第三章　函　数

3.1　函数及其表示法

3.1.1　函数的概念

学习目标

理解函数的概念,掌握构成函数的要素.

归纳总结

本节的学习要注意把握以下几个要点:

1. 理解函数概念的数学本质;

2. 能够把握函数定义域和值域之间的区别与联系;

3. 能够理解函数有意义满足的条件,会求简单函数的定义域和值域;

4. 理解只有当定义域、对应法则和值域完全相同时,两个函数才是同一个函数.

复习巩固

1. 已知函数 $f(x) = \dfrac{1}{x^2+8}$,则 $f(0) = $ _____.

2. 已知集合 $A = \{x \mid 0 \leqslant x \leqslant 1\}, B = \{x \mid 0 \leqslant x \leqslant 2\}$,下列对应中是从 A 到 B 的函数的是_____.

(1) 对任意 $x \in A, x \rightarrow 2x$;

(2) 对任意 $x \in A, x \rightarrow x$;

(3) 对任意 $x \in A, x \rightarrow 3x$;

(4) 对任意 $x \in A, x \rightarrow \dfrac{2}{x}$.

3. 求下列函数的定义域：

(1) $f(x) = \dfrac{1}{2x-1}$；(2) $f(x) = \sqrt{3x+2}$；(3) $f(x) = \sqrt{x+4} + \dfrac{1}{2-x}$.

4. 下列各组中的两个函数是否为同一个函数？请说明理由.

(1) $y_1 = \dfrac{(x+8)(x-5)}{x+8}$，$y_2 = x-5$；

(2) $y_1 = \sqrt{x+1} \cdot \sqrt{x-1}$，$y_2 = \sqrt{(x+1)(x-1)}$；

(3) $y_1 = (\sqrt{2x-5})^2$，$y_2 = 2x-5$.

5. 求下列函数的值域：

(1) $y = 5x + 2 (-1 \leqslant x \leqslant 1)$；　　　　(2) $y = 2 + \sqrt{4-x}$；

(3) $y = x^2 - 4x + 1, x \in [0,1]$.

6. 已知函数 $f(x) = 3x^2 - 5x + 2$, 求 $f(3), f(a+1)$.

灵活运用

7. 已知 $f(x+1) = x^2 + 2x$, 求:
(1) $f(2), f(3)$;   (2) $f(x)$.

拓展延伸

8. 若函数 $y = \sqrt{ax^2 + ax + 1}$ 的定义域是 **R**, 求实数 a 的取值范围.

马克思曾经认为,函数概念来源于代数学中不定方程的研究. 由于罗马时代的丢番图对不定方程已有相当研究,所以函数概念至少在那时已经萌芽.

自哥白尼的天文学革命以后,运动就成了文艺复兴时期科学家共同感兴趣的问题,人们在思索:既然地球不是宇宙中心,它本身又有自转和公转,那么下降的物体为什么不发生偏斜而还要垂直下落到地球上? 行星运行的轨道是椭圆,原理是什么? 另外,在地球表面上抛射物体的路线、射程和所能达到的高度,以及炮弹速度对于高度和射程的影响等问题,既是科学家力图解决的问题,也是军事家要求解决的问题,函数概念就是从运动的研究中引申出的一个数学概念,这是函数概念的力学来源.

3.1.2　函数的表示法

学习目标

理解函数的三种表示方法,会选择恰当的方法表示简单情境中的函数.

归纳总结

本节的学习要注意把握以下几个要点:

1. 掌握函数的解析法、列表法、图象法三种主要表示方法.

2. 培养数形结合、分类讨论的数学思想方法,掌握分段函数的概念.

复习巩固

1. 某种笔记本每本 3 元,买 $x \in \{1,2,3,4\}$ 个笔记本的钱数记为 y(元),试写出以 x 为自变量的函数 y 的解析式,并画出这个函数的图象.

2. 已知函数 $f(x) = x + \dfrac{m}{x}$，且此函数图象过点 $(1,5)$，实数 m 的值为 _____.

3. 函数 $f(x) = \begin{cases} 4x, & x \geqslant 0, \\ x^2 + x, & x < 0, \end{cases}$ 则 $f(-3) =$ _____.

4. $f(x) = \begin{cases} x^2 + 1 & (x \leqslant 0), \\ -2x & (x > 0), \end{cases}$ 若 $f(x) = 10$，则 $x =$ _____.

5. 已知 $f(x)$ 是一次函数，且 $f[f(x)] = 4x - 1$，求 $f(x)$ 的解析式.

灵活运用

6. 若 $f(\sqrt{x} + 1) = x + 2\sqrt{x}$，求 $f(x)$.

7. 已知 $f(x)$ 满足 $2f(x) + f\left(\dfrac{1}{x}\right) = 3x$，求 $f(x)$.

拓展延伸

8. 作出函数 $y = |x-1| + |x+2|$ 的图象,并指出该函数的值域.

数学链接

早在函数概念尚未明确提出以前,数学家已经接触并研究了不少具体的函数,比如对数函数、三角函数、双曲函数等等.1673 年前后笛卡尔在他的解析几何中,已经注意到了一个变量对于另一个变量的依赖关系,但由于当时尚未意识到需要提炼一般的函数概念,因此直到 17 世纪后期牛顿、莱布尼茨建立微积分的时候,数学家还没有明确函数的一般意义.

1673 年,莱布尼茨首次使用函数一词表示"幂",后来他用该词表示曲线上点的横坐标、纵坐标、切线长等曲线上点的有关几何量.由此可以看出,函数一词最初的数学含义是相当广泛而较为模糊的,几乎与此同时,牛顿在微积分的讨论中,使用另一名词"流量"来表示变量间的关系,直到 1689 年,瑞士数学家约翰·伯努利才在莱布尼茨函数概念的基础上,对函数概念进行了明确定义,伯努利把变量 x 和常量按任何方式构成的量叫"x 的函数".

当时,由于连接变数与常数的运算主要是算术运算、三角运算、指数运算和对数运算,所以后来欧拉就索性把用这些运算连接变数 x 和常数 c 而成的式子,取名为解析函数,还将它分成了"代数函数"与"超越函数".

18 世纪中叶,由于研究弦振动问题,达朗贝尔与欧拉先后引出了"任意的函数"的说法.在解释"任意的函数"概念的时候,达朗贝尔说是指"任意的解析式",而欧拉则认为是"任意画出的一条曲线".现在看来这都是函数的表达方式,是函数概念的外延.

3.1 单元测试

1. 已知函数 $g(t) = 2t^2 - 1$，则 $g(1) =$ （　　）

A. -1 B. 0 C. 1 D. 2

2. 函数 $f(x) = \sqrt{1-2x}$ 的定义域是 （　　）

A. $\left[\dfrac{1}{2}, +\infty\right)$ B. $\left(\dfrac{1}{2}, +\infty\right)$ C. $\left(-\infty, \dfrac{1}{2}\right]$ D. $\left(-\infty, \dfrac{1}{2}\right)$

3. 已知函数 $f(x) = 2x + 3$，若 $f(a) = 1$，则 $a =$ （　　）

A. -2 B. -1 C. 1 D. 2

4. 函数 $y = x^2, x \in \{-2, -1, 0, 1, 2\}$ 的值域是＿＿＿＿＿＿．

5. 函数 $y = -\dfrac{2}{x}$ 的定义域是＿＿＿＿＿＿，值域是＿＿＿＿＿＿．

6. 设函数 $f(x) = \begin{cases} x^2 + 2 & (x \geqslant 2), \\ 2x & (x < 2), \end{cases}$ 则 $f(-1) =$ ＿＿＿＿＿＿．

7. 已知二次函数 $f(x)$ 满足 $f(2-x) = f(2+x)$，且图象在 y 轴上的截距为 0，最小值为 -1，则函数 $f(x)$ 的解析式为＿＿＿＿＿＿．

8. 求函数 $y = \dfrac{1}{2x-1}$ 的定义域与值域．

9. 已知 $y = f(t) = \sqrt{t-2}, t(x) = x^2 + 2x + 3$．
(1) 求 $t(0)$ 的值；
(2) 求 $f(t)$ 的定义域；
(3) 试用 x 表示 y．

10. 若函数 $y = f(x)$ 的定义域为 $[-1, 1]$，求函数 $y = f\left(x + \dfrac{1}{4}\right) \cdot f\left(x - \dfrac{1}{4}\right)$ 的定义域．

3.2 映射的概念

学习目标

理解映射的概念.

归纳总结

本节的学习要注意把握以下几个要点：

1. 了解映射的概念及表示法；

2. 了解象与原象的概念，会判断一些简单的对应是否是映射，会求象与原象；

3. 会结合简单的图示，了解一一映射的概念.

复习巩固

1. 下列四种说法正确的一个是 ( )

A. $f(x)$ 表示的是含有 x 的代数式   B. 函数的值域就是其定义域中的数集

C. 函数是一种特殊的映射   D. 映射是一种特殊的函数

2. 判断下列对应是否映射？

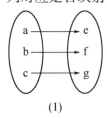   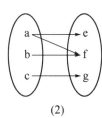   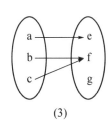

    (1)   (2)   (3)

3. 下列各组映射是否为同一映射？

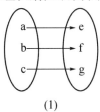   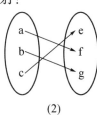   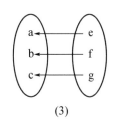

    (1)   (2)   (3)

4. 设集合 $A = \{x \mid 0 \leqslant x \leqslant 6\}, B = \{y \mid 0 \leqslant y \leqslant 2\}$，从 A 到 B 的对应法则 f 不是映射的是 （　　）

A. $f : x \rightarrow y = \dfrac{1}{2}x$

B. $f : x \rightarrow y = \dfrac{1}{3}x$

C. $f : x \rightarrow y = \dfrac{1}{4}x$

D. $f : x \rightarrow y = \dfrac{1}{6}x$

5. 判断下列对应是否是集合 A 到集合 B 的映射.

(1) 设 $A = \{1,2,3,4\}, B = \{3,4,5,6,7,8,9\}$，对应法则 $f : x \rightarrow 2x + 1$；

(2) 设 $A = \mathbf{N}^*, B = \{0,1\}$，对应法则 $f : x \rightarrow x$ 除以 2 得的余数；

(3) 设 $A = \{1,2,3,4\}, B = \left\{1, \dfrac{1}{2}, \dfrac{1}{3}, \dfrac{1}{4}\right\}$，对应法则 $f : x \rightarrow x$ 取倒数.

灵活运用

6. 若 $B = \{-3, 3, 5\}$，试找出一个集合 A，使得 $f : x \rightarrow 2x - 1$ 是 A 到 B 的映射.

7. 集合 $A = \{1,2\}, B = \{5,6\}$，则 A 到 B 的不同映射有_____个.

 拓展延伸

8. 已知映射 $f:A \to B. A = B = \{(x,y) \mid x \in \mathbf{R}, y \in \mathbf{R}\}$，$A$ 中的元素 (x,y) 对应 B 中的元素为 $(3x-2y+1, 4x+3y-1)$.

（1）求 A 中元素 $(1,2)$ 与 B 中的哪个元素对应？

（2）A 中哪些元素与 B 中元素 $(1,2)$ 对应？

数学链接

阿基米德（Archimedes，约公元前287～公元前212年）是希腊数学家、物理学家和天文学家. 出生在意大利半岛的叙拉古. 父亲是位数学家兼天文学家. 阿基米德从小有良好的家庭教养，11岁就被送到当时希腊文化中心的亚历山大城去学习. 在这座号称"智慧之都"的名城里，阿基米德博览群书，汲取了丰富的知识，并且跟随欧几里得的学生埃拉托塞和卡农学习《几何原本》.

阿基米德是伟大的数学家、物理学家和天文学家，但他在数学上的辉煌成就远远超过其他方面. 尽管阿基米德流传至今的著作只有十来部，但其对于推动人类数学的发展，起着决定性的作用.

阿基米德的数学著作，从研究计划的展开、命题次序的安排、论证的精巧和严格，到整体结论的完美性，都堪称典范，其思想远远超出了他所处的时代.

正因为他的杰出贡献，世界数学史对阿基米德的评价极高：阿基米德是有史以来四位最伟大的数学家之一，其他三位是牛顿、高斯和欧拉. 不过以他们的宏伟业绩、所处的时代背景以及对当代和后世的影响来比较的话，还应首推阿基米德.

3.3 函数的基本性质

3.3.1 函数的单调性

理解函数的单调性及其几何意义,会判断一些简单函数的单调性.

归纳总结

本节的学习要注意把握以下几个要点:

1. 了解单调函数、单调区间的概念,能说出单调函数、单调区间这两个概念的大致意思;

2. 理解函数单调性的概念,能用自己的语言表述概念,并能根据函数的图象指出单调性、写出单调区间;

3. 掌握运用函数的单调性定义解决一类具体问题:能运用函数的单调性定义证明简单函数的单调性.

复习巩固

1. 如图所示是定义在闭区间 $[-5,5]$ 上的函数 $y=f(x)$ 的图象,根据图象说出 $y=f(x)$ 的单调区间,以及在每一单调区间上,函数 $y=f(x)$ 是增函数还是减函数.

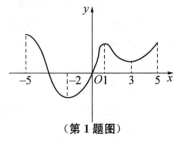
(第1题图)

2. 函数 $y=x^2-6x$ 的减区间是 （ ）

A. $(-\infty,2]$ B. $[2,+\infty)$ C. $[3,+\infty)$ D. $(-\infty,3]$

3. 在区间 $(0,2)$ 上是增函数的是 （ ）

A. $y=-x+1$ B. $y=x^2$ C. $y=x^2-4x+5$ D. $y=\dfrac{3}{x}$

4. 已知函数 $f(x) = x^2 - 2x + 2$，那么 $f(1)$，$f(-1)$，$f(\sqrt{2})$ 之间的大小关系为 ＿＿＿＿＿＿＿＿＿＿＿．

5. 函数 $y = \dfrac{4}{x-2}$ 在区间 $[3,4]$ 上是减函数，则 y 的最小值是 　　　　（　　）

A. 1　　　　　　　B. 3　　　　　　　C. 2　　　　　　　D. 5

6. 用定义证明函数 $f(x) = 3x + 1$ 在 **R** 上是增函数.

7. 已知函数 $f(x) = -x^2 + 2x$.

（1）证明 $f(x)$ 在 $[1, +\infty)$ 上是减函数；（2）当 $x \in [2,6]$ 时，求 $f(x)$ 的最大值和最小值.

![灵活运用]

8. 讨论函数 $f(x) = x^2 - 2ax + 3$ 在 $(-2, 2)$ 内的单调性.

9. 已知函数 $f(x)$ 的定义域为 **R**，对任意实数 m, n 均有 $f(m+n) = f(m) + f(n) - 1$，且 $f\left(\dfrac{1}{2}\right) = 2$，又当 $x > -\dfrac{1}{2}$ 时，有 $f(x) > 0$. 求 $f\left(-\dfrac{1}{2}\right)$ 的值.

拓展延伸

10. 已知函数 $y = -x^2 + ax - \dfrac{a}{4} + \dfrac{1}{2}$ 在区间 $[0,1]$ 上的最大值为 2,求实数 a 的值.

数学链接

"代数学鼻祖"古希腊数学家丢番图(Diophantus,约公元 246～330)去世后,墓碑上刻写了关于他生平资料的碑文:

过路的人!

这儿埋葬着丢番图.

请计算下列数目,

便可知他一生经过了多少个寒暑.

他一生的六分之一是幸福的童年,

十二分之一是无忧无虑的少年.

再过去七分之一的生命旅程,

他建立了幸福的家庭.

五年后儿子出生,

不料儿子竟先于父亲四年而终,

年龄不过父亲享年的一半,

晚年丧子老人真可怜,

悲痛之中度过了风烛残年.

请你算一算,丢番图活到多少岁,才和死神见面?

根据这首诗给出的条件,你能计算出丢番图活了多少岁吗?

实际上如果番图的一生年龄为 x 岁,则根据题意得方程:$x = \dfrac{x}{6} + \dfrac{x}{12} + \dfrac{x}{7} + 5 + \dfrac{x}{2} + 4$.

解这个方程,得 $x = 84$. 所以,丢番图活了 84 岁.

3.3.2　函数的奇偶性

学习目标

理解函数奇偶性的含义.

归纳总结

本节的学习要注意把握以下几个要点:

1. 掌握函数奇偶性的定义和图象的性质,能判断一些简单函数的奇偶性;

2. 会运用函数奇偶性的性质求有关函数的值和解析式.

复习巩固

1. 函数 $y = \sqrt{1-x^2} + \dfrac{9}{1+|x|}$ 是　　　　　　　　　　　　　　（　　）

A. 奇函数　　　　　　　　　　　B. 偶函数

C. 既是奇函数又是偶函数　　　　D. 非奇非偶函数

2. 函数 $f(x) = \dfrac{1}{x} - x$ 的图象关于　　　　　　　　　　　　　　（　　）

A. y 轴对称　　　　　　　　　　B. 直线 $y = -x$ 对称

C. 坐标原点对称　　　　　　　　D. 直线 $y = x$ 对称

3. 若 $f(x)$ 是 **R** 上的偶函数,当 $x > 0$ 时, $f(x) = x^2 - 3x$, $f(-2) = $ _____ .

4. 已知 $f(x) = x^5 + ax^3 + bx - 2$, $f(-2) = 10$, 则 $f(2) = $ _____ .

5. 如果函数 $f(x) = x^2$ 在 $[a, b]$ 具有最大值,那么该函数在 $(-b, -a]$ 有　（　　）

A. 最大值　　　　B. 最小值　　　　C. 没有最大值　　　　D. 没有最小值

6. 判别下列函数的奇偶性:

(1) $f(x) = x^3 - x$; (2) $f(x) = |x-1| + |x+1|$; (3) $f(x) = x^3 - x^2$.

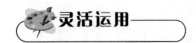

7. 已知 $f(x)$ 是定义在 **R** 上的奇函数,在 $(0,+\infty)$ 是增函数,且 $f(1)=0$,求 $f(x+1)<0$ 的解集.

拓展延伸

8. 设函数 $f(x)$ 是定义在 **R** 上的奇函数,且在区间 $(-\infty,0)$ 上是减函数,实数 a 满足不等式 $f(2a^2+a-3)<f(2a^2-2a)$,求实数 a 的取值范围.

9. 若对于一切实数 x,y,都有 $f(x+y)=f(x)+f(y)$:
(1) 求 $f(0)$,并证明 $f(x)$ 为奇函数;(2) 若 $f(1)=3$,求 $f(-3)$.

数学链接

有史以来第一位女数学家西罗马帝国女数学家希帕蒂娅(Hypatia,公元370～415)和古希腊数学家丢番图(Diophantus,约公元246～330)一样,在她去世后,墓碑上也刻写了关于她生平资料的碑文:

希帕蒂娅已献身给真理了,她幸福的童年占去了生命的 $\frac{1}{5}$,如花似玉,娇美过人的少年仅是童年的 $\frac{2}{3}$;此后,她求学雅典4年,学成回乡从事教学,深受敬仰,学生曾给她庆贺过30岁生日,她的教龄是少年时代的3倍;她著书用的时间是童年的 $\frac{4}{3}$,不过其中有5年是教学时兼行写书的.完稿之后,仅1年,惨遭杀害,可惜年不过半百就结束了光辉灿烂的一生.

请你根据上面墓碑内容,计算一下希帕蒂娅的一生有多少岁?

解:设希帕蒂娅的一生为 x 年,则根据题意,得方程 $x = \frac{x}{5} + \frac{2}{3} \cdot \frac{x}{5} + 4 + 3\left(\frac{2}{3} \cdot \frac{x}{5}\right) + \left(\frac{4}{3} \cdot \frac{x}{5} - 5\right) + 1$,整理得: $x = x$.

这是一个恒等式,x 为任何正整数都可以,但根据实际意义,$\frac{2}{3} \cdot \frac{x}{5}$ 应该是整数,所以 x 必能被15整除.又 $30 < x \leqslant 50$,因此,$x = 45$.

所以,希帕蒂娅一生为45岁.

3.3 单元测试

1. 函数 $f(x) = x^2 - 2x$ 的单调增区间是 （   ）

A. $(-\infty, 1]$ B. $[1, +\infty)$ C. **R** D. 不存在

2. 对于定义域是 **R** 的任意奇函数 $f(x)$ 有 （   ）

A. $f(x) - f(-x) = 0$ B. $f(x) + f(-x) = 0$

C. $f(x) \cdot f(-x) = 0$ D. $f(0) \neq 0$

3. 如果函数 $f(x) = kx + b$ 在 **R** 上单调递减,则 （   ）

A. $k > 0$ B. $k < 0$ C. $b > 0$ D. $b < 0$

4. 函数 $f(x) = 2x - x^2$ 的最大值是 （   ）

A. -1 B. 0 C. 1 D. 2

5. 函数 $y = |x+1| + 2$ 的最小值是 （   ）

A. 0 B. -1 C. 2 D. 3

6. 已知 $f(x)$ 是定义 $(-\infty, +\infty)$ 上的奇函数,且 $f(x)$ 在 $[0, +\infty)$ 上是减函数. 下列关系式中正确的是 （   ）

A. $f(5) > f(-5)$ B. $f(4) > f(3)$

C. $f(-2) > f(2)$ D. $f(-8) = f(8)$

7. 函数 $f(x) = |x-2|$ 的单调递增区间是_____,单调递减区间是_____.

8. 函数 $y = x + \sqrt{x-1}$ 的最小值是_____.

9. 下列说法正确的是_____.

① $f(x) = x + \dfrac{1}{x}$ 是奇函数;

② $f(x) = |x-2|$ 是偶函数;

③ $f(x) = 0, x \in [-6, 6]$ 既是奇函数,又是偶函数;

④ $f(x) = \dfrac{x^3 - x^2}{x - 1}$ 既不是奇函数,又不是偶函数.

10. 已知 $f(x)$ 是奇函数,$g(x)$ 是偶函数,且 $f(x) - g(x) = \dfrac{1}{x+1}$,求 $f(x), g(x)$.

11. 求 $y = \dfrac{3}{x-2}$ 在区间 $[3,6]$ 上的最大值和最小值.

12. 设 $f(x)$ 在 **R** 上是奇函数,当 $x > 0$ 时,$f(x) = x(1-x)$,试问:当 $x < 0$ 时,$f(x)$ 的解析式是什么?

*3.4 反函数

学习目标

了解反函数的定义,会求一些简单函数的反函数.

归纳总结

本节的学习要注意把握以下要点:

掌握反函数的概念和表示法,会求一个函数的反函数.

复习巩固

1. 下列说法中正确的是 ( )

A. 在函数 $y = f(x)$ 与它的反函数 $y = f^{-1}(x)$ 中,x 的取值范围是相同的

B. 在函数 $y = f(x)$ 与它的反函数 $y = f^{-1}(x)$ 中,函数值 y 的范围是相同的

C. 函数 $y = f^{-1}(x)$ 与 $y = f(x)$ 互为反函数

D. 函数 $y = f^{-1}(x)$ 与 $x = f(y)$ 互为反函数

2. 函数 $y = 2|x|$ 在下列哪个定义区间内不存在反函数? ( )

A. $[2, 4]$　　　　B. $[-4, 4]$　　　　C. $[0, +\infty)$　　　　D. $(-\infty, 0]$

3. 下列各组函数图象中,关于直线 $y = x$ 对称的是 ( )

A. $y = -\sqrt{x}(x \geqslant 0)$ 与 $y = \sqrt{x}(x \geqslant 0)$

B. $y = x^2(x > 0)$ 与 $y = \sqrt{x}(x \geqslant 0)$

C. $y = 2|x|(x \in \mathbf{R})$ 与 $y = \dfrac{|x|}{2}(x \in \mathbf{R})$

D. $y = (x-1)^2(x \geqslant 1)$ 与 $y = \sqrt{x} + 1(x \geqslant 0)$

4. 函数 $y = 1 - \sqrt{x-1}(x \geqslant 1)$ 的反函数是 ( )

A. $y = (x-1)^2 + 1, x \in \mathbf{R}$　　　　B. $y = (x-1)^2 - 1, x \in \mathbf{R}$

C. $y = (x-1)^2 + 1, x \leqslant 1$　　　　D. $y = (x-1)^2 - 1, x \leqslant 1$

5. 函数 $y = f(x)$ 的图象与 $y = 2x - 1$ 的图象关于直线 $y = x$ 对称,则 $y = f(x)$ 的表达式是_____.

6. 若函数 $f(x)$ 的图象经过点 $(0,1)$，则函数 $f^{-1}(x)$ 的图象必经过点 （ ）

A. $(0,-1)$ B. $(1,0)$ C. $(-1,0)$ D. $(0,1)$

7. 设函数 $f(x)=x^2-4(x\in[2,4])$，则 $f^{-1}(x)$ 的定义域为 （ ）

A. $[-4,+\infty)$ B. $[0,+\infty)$

C. $[0,4]$ D. $[0,12]$

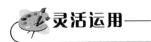 灵活运用

8. 已知函数 $y=\dfrac{1}{2}x-m$ 与 $y=-nx+12$ 互为反函数，求 m,n 的值.

9. 若函数 $f(x)=f^{-1}(x)=ax+b(a\neq 0)$，则 a,b 应满足什么条件?

拓展延伸

10. 已知 $f(x) = \dfrac{ax+3}{x-1}$，若 $(7,2)$ 是 $y = f^{-1}(x)$ 的图象上一点，求 $f(x)$ 的值域.

数学链接

著名的美籍华人、国际数学大师、"微分几何之父"陈省身(1911~2004)先生,1911 年 10 月 28 日生于浙江嘉兴,2004 年 12 月 3 日在天津逝世,享年 93 岁.陈省身先生是 20 世纪伟大的几何学家,在微分几何方面的成就尤为突出,是伟大数学家欧几里得(Euclid)、高斯(Gauss)、黎曼(Riemann)、嘉当(E. Cartan)的继承者与开拓者.他发展了高斯-波涅特(Gauss - Bonnet)公式,建立微分纤维丛理论,其影响遍及数学的各个领域;他创立复流形上的值分布理论,为广义的积分几何奠定基础,获得基本运动学公式;他所引入的陈氏示性类与陈- Simons 微分式,已深入到数学以外的其他领域,成为研究诸如规范场等理论的重要工具.曾荣获最高数学奖——沃尔夫奖,曾获全美华人协会杰出成就奖、美国科学奖、美国数学会奖等.

2004 年 11 月 2 日,经国际天文学联合会下属的小天体命名委员会讨论通过,国际小行星中心正式发布第 52733 号《小行星公报》通知国际社会,将一颗永久编号为 1998CS2 号的小行星命名为"陈省身星",以表彰他对全人类的杰出贡献.

3.5　指数与指数函数

3.5.1　有理数指数幂

学习目标

1. 理解有理数指数幂的含义；
2. 了解实数指数幂的意义，并能进行幂的运算.

归纳总结

本节的学习要注意把握以下几个要点：

1. 理解分数指数幂的概念；
2. 掌握有理数指数幂的运算性质；
3. 会对根式、分数指数幂进行互化；
4. 培养用联系的观点看问题的意识.

复习巩固

1. 求值：

① $\sqrt[3]{(-8)^3} = $ _____ ;　　　② $\sqrt{(-10)^2} = $ _____ ;

③ $\sqrt[4]{(3-\pi)^4} = $ _____ ;　　　④ $\sqrt{(a-b)^2}\,(a>b) = $ _____ .

2. 求值：$8^{\frac{2}{3}}$，$100^{-\frac{1}{2}}$，$\left(\dfrac{1}{4}\right)^{-3}$，$\left(\dfrac{16}{81}\right)^{-\frac{3}{4}}$.

3. 用分数指数幂的形式表示下列各式:

$a^2 \cdot \sqrt{a}, a^3 \cdot \sqrt[3]{a^2}, \sqrt{a\sqrt{a}}$.(式中 $a > 0$)

4. 用根式的形式表示下列各式($a > 0$).

$a^{\frac{1}{5}}, a^{\frac{3}{4}}, a^{-\frac{3}{5}}, a^{-\frac{2}{3}}$.

5. 计算下列各式(式中字母都是正数).

(1) $(2a^{\frac{2}{3}}b^{\frac{1}{2}})(-6a^{\frac{1}{2}}b^{\frac{1}{3}}) \div (-3a^{\frac{1}{6}}b^{\frac{5}{6}})$;

(2) $(m^{\frac{1}{4}}n^{\frac{3}{8}})^8$.

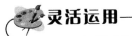

6. 计算 $2\sqrt{2} \cdot \sqrt[4]{2} \cdot \sqrt[8]{2} = $ _____ .

7. 若 $10^x = 3, 10^y = 2$，则 $10^{\frac{3x-y}{2}} = $ _____ .

8. 化简：$\dfrac{a^2 - 2 + a^{-2}}{a^2 - a^{-2}}$.

9. 已知 $a + a^{-1} = 3$，求下列各式的值：

(1) $a^2 + a^{-2}$；　　　(2) $a^{\frac{1}{2}} + a^{-\frac{1}{2}}$；　　　(3) $a^2 - a^{-2}$.

数学链接

一代数学宗师苏步青,1902年9月23日诞生于浙江省平阳县.苏步青是我国近代数学的奠基者之一,专长微分几何.在仿射曲面理论、射影曲线的一般理论、曲面的射影微分几何理论、共轭网的射影理论、一般空间微分几何学和曲线的仿射理论在几何外形设计中的应用等方面,都进行了深入、系统地研究,在国际上享有盛誉.他创立的微分几何学派,在国内外均有影响.曾任复旦大学数学教授、博士生导师、中国科学院数学物理学部委员、复旦大学名誉校长、中国数学会名誉理事长.国际数学界把他称为"东方国度上升起的灿烂的数学明星".

苏步青对我国数学的贡献,正如在苏步青85岁寿辰上他的学生、上海数学会理事长、中国科学院数学物理学部委员谷超豪所说:"苏老是国际上公认的几何学权威,他对仿射微分几何和射影微分几何的高水平工作,至今在国际数学界占着无可争辩的地位.苏老对我国数学学科的建设建立了功勋,他在浙大、复旦为创建国内外有影响的学科,呕心沥血.他为我国文教事业的改革也作出了不可磨灭的贡献."

3.5.2 指数函数

学习目标

1. 理解指数函数的概念和意义;
2. 理解指数函数的性质,会画指数函数的图象.

归纳总结

本节的学习要注意把握以下几个要点:

1. 理解指数函数的概念,并能正确作出其图象,掌握指数函数的性质;
2. 掌握指数形式的函数定义域、值域和图象,判断其单调性;
3. 培养学生实际应用函数的能力.

 复习巩固

1. 下列函数是指数函数的是 ( )

A. $y=\left(\dfrac{1}{3}\right)^{x+2}$ B. $y=e^x$ C. $y=x^3$ D. $y=1+2^x$

2. 设函数 $f(x)=\left(\dfrac{1}{2}\right)^{|x|}, x\in \mathbf{R}$，那么 $f(x)$ 是　　　　　　　　（　　）

A. 奇函数且在 $(0,+\infty)$ 上是增函数　　B. 偶函数且在 $(0,+\infty)$ 上是减函数

C. 奇函数且在 $(0,+\infty)$ 上是减函数　　D. 偶函数且在 $(0,+\infty)$ 上是增函数

3. 下列关系中正确的是　　　　　　　　　　　　　　　　　　　　　　　（　　）

A. $\left(\dfrac{1}{2}\right)^{\frac{2}{3}}<\left(\dfrac{1}{5}\right)^{\frac{2}{3}}<\left(\dfrac{1}{2}\right)^{\frac{1}{3}}$　　　　　B. $\left(\dfrac{1}{2}\right)^{\frac{1}{3}}<\left(\dfrac{1}{2}\right)^{\frac{2}{3}}<\left(\dfrac{1}{5}\right)^{\frac{2}{3}}$

C. $\left(\dfrac{1}{5}\right)^{\frac{2}{3}}<\left(\dfrac{1}{2}\right)^{\frac{1}{3}}<\left(\dfrac{1}{2}\right)^{\frac{2}{3}}$　　　　　D. $\left(\dfrac{1}{5}\right)^{\frac{2}{3}}<\left(\dfrac{1}{2}\right)^{\frac{2}{3}}<\left(\dfrac{1}{2}\right)^{\frac{1}{3}}$

4. 函数 $f(x)=\sqrt{2-2^{x+1}}$ 的定义域为　　　　　　　　．

5. 函数 $y=3^{x}, x\in [2,+\infty)$ 的值域是　　　　　　　　．

6. 函数 $f(x)=3+a^{x-1}(a>0, a\neq 1)$ 的图象恒过定点　　　　　　　　．

7. 已知 x 满足 $2^{x^{2}+x}\geqslant \left(\dfrac{1}{4}\right)^{x-2}$，则 x 的范围是　　　　　　　　．

灵活运用

8. 已知函数 $y=f(x)$ 是 $\mathbf{R}$ 上的偶函数，且当 $x\geqslant 0$ 时，$f(x)=\left(\dfrac{1}{2}\right)^{x}-1$．

（1）求 $f(x)$ 的解析式；

（2）画出此函数的图象．

9. 函数 $y=a^{x}(a>0, a\neq 1)$ 在区间 $[1,2]$ 上的最大值与最小值的差为 $\dfrac{a}{2}$，求 a 的值．

拓展延伸

10. 已知函数 $f(x) = \dfrac{a^x - 2}{a^x + 2}(a > 0, a \neq 1)$，

（1）求函数 $f(x)$ 的定义域；

（2）探索 $f(x)$ 的单调性；

（3）判断函数 $f(x)$ 的奇偶性.

"哥德巴赫猜想"

（a）任何一个不小于 6 的偶数，都可以表示成两个奇素数之和；

（b）任何一个不小于 9 的奇数，都可以表示成三个奇素数之和.

这道著名的数学难题引起了世界上成千上万数学家的注意，200 年过去了，没有人能证明它. 哥德巴赫猜想由此成为数学皇冠上一颗可望不可即的"明珠". 目前最佳的结果是中国数学家陈景润于 1966 年证明的，被称为陈氏定理的"任何充分大的偶数都是一个素数与一个素因子个数不超过 2 的殆素数之和."通常简称为"1+2".

"哥德巴赫猜想"无愧于"世界最迷人的数学难题"的称号. 她用貌似平凡的外表，吸引无数数学家为她神魂颠倒，不知道有多少数学家为她花费了宝贵的青春，却不能娶她回家.

3.5 单元测试

1. $\sqrt[4]{(-3)^4}$ 的值是 （　）

A. 3 　　　　　　　　　　　　　　B. -3

C. ± 3 　　　　　　　　　　　　　D. 81

2. $\dfrac{a^3}{\sqrt{a} \cdot \sqrt[5]{a^4}}(a>0)$ 的值是 （　）

A. 1 　　　　　B. a 　　　　　C. $a^{\frac{1}{5}}$ 　　　　　D. $a^{\frac{17}{10}}$

3. 函数 $y=(a^2-3a+3)a^x$ 是指数函数,则 a 的值为 （　）

A. 1 　　　　　　　　　　　　　　B. 2

C. 1 或 2 　　　　　　　　　　　　D. 任意值

4. 函数 $f(x)=a^{x-2}+1(a>0,a\neq 1)$ 的图象恒过定点 （　）

A. $(0,1)$ 　　　　　　　　　　　　B. $(0,2)$

C. $(2,1)$ 　　　　　　　　　　　　D. $(2,2)$

5. 指数函数① $f(x)=m^x$,② $g(x)=n^x$ 满足不等式 $0<m<n<1$,则它们的图象是 （　）

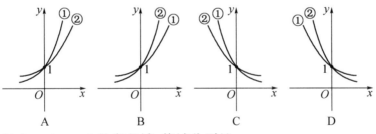

6. 函数 $f(x)=3^{-x}-1$ 的定义域、值域分别是 （　）

A. **R**,**R** 　　　　　　　　　　B. **R**,$(0,+\infty)$

C. **R**,$(-1,+\infty)$ 　　　　　　D. 以上都不对

7. 设 a,b 均为大于零且不等于1的常数,则下列说法错误的是 （　）

A. $y=a^x$ 的图象与 $y=a^{-x}$ 的图象关于 y 轴对称

B. 函数 $f(x)=a^{1-x}(a>1)$ 在 **R** 上递减

C. 若 $a^{\sqrt{2}}>a^{\sqrt{2}-1}$,则 $a>1$

D. 若 $2^x>1$,则 $x>1$

8. 若 $10^m=2,10^n=4$,则 $10^{\frac{3m-n}{2}}=$ _____.

9. 比较大小:$(-2.5)^{\frac{2}{3}}$ _____ $(-2.5)^{\frac{4}{5}}$.

10. 函数 $y=\sqrt{\left(\dfrac{1}{9}\right)^x-1}$ 的定义域为_____.

11. 化简下列各式：

(1) $\left(\dfrac{36}{49}\right)^{\frac{3}{2}}$;

(2) $\sqrt{\dfrac{a^2}{b}\sqrt{\dfrac{b^3}{a}\sqrt{\dfrac{a}{b^3}}}}$.

12. 求函数 $y=\dfrac{1}{5^{\frac{x}{1-x}}-1}$ 的定义域.

3.6 对数与对数函数

3.6.1 对数及其运算

学习目标

1. 理解对数的概念及其运算性质;

2. 了解对数换底公式,知道一般对数可以转化成自然对数或常用对数.

归纳总结

本节的学习要注意把握以下几个要点:

1. 掌握对数的运算性质,并能理解推导这些法则的依据和过程;

2. 能较熟练地运用法则解决问题.

复习巩固

1. 下列等式成立的是 ( )

A. $\log_2(8-4) = \log_2 8 - \log_2 4$

B. $\dfrac{\log_2 8}{\log_2 4} = \log_2 \dfrac{8}{4}$

C. $\log_2 8 = 3\log_2 2$

D. $\log_2(8+4) = \log_2 8 + \log_2 4$

2. 计算下列各式的值:

(1) $\log_3 3$;　　　　(2) $\lg 1$;　　　　(3) $\log_{\frac{1}{6}} 36$.

3. 计算 $2^{2+\log_{0.5} 5} = $ _____.

4. 计算 $(\lg 5)^2 + \lg 2 \cdot \lg 50 = $ _____.

5. 计算 $\log_2 \dfrac{1}{25} \cdot \log_3 \dfrac{1}{8} \cdot \log_5 \dfrac{1}{9} = $ _____.

6. 化简：(1) $2\log_3 2 - \log_3 \dfrac{32}{9} + \log_3 8 - 5^{\log_5 3}$；

(2) $\log_{\sqrt{3}} 9 + 2\lg 2 + \lg 25$.

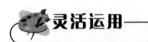

7. 已知 x 满足方程 $\log_2(\log_3 x) = 0$，求 x 及 $\log_{\frac{1}{3}} x$ 的值.

拓展延伸

8. 已知 a,b,c 为正实数，$a^x = b^y = c^z$，$\dfrac{1}{x} + \dfrac{1}{y} + \dfrac{1}{z} = 0$，求 abc 的值.

数学链接 纳皮尔(J. Napier,1550～1617),苏格兰数学家.1550 年出生于苏格兰爱丁堡附近的一个叫作梅奇斯顿的小镇的贵族之家.纳皮尔 13 岁时进入圣安德鲁斯大学,后来出国游历,参加各种讲学活动,逐渐养成了勤于观察和独立思考的习惯.

在纳皮尔所处的那个年代,哥白尼的"太阳中心说"刚刚开始流行,这导致天文学成为当时的热门学科.可是由于当时常量数学的局限性,天文学家们不得不花费很大的精力去计算那些繁杂的"天文数字",因此浪费了好多年甚至毕生的宝贵时间.纳皮尔也是当时的一位天文爱好者,为了简化计算,他多年潜心研究大数字的计算技术,终于独立发明了对数,并于 1614 年出版了名著《奇妙的对数定律说明书》.当时,天文学家们以狂喜的心情接受了这一发明,正如天文学家伽利略所说:"给我空间、时间及对数,我就可以创造一个宇宙."数学家、天文学家拉普拉斯(P. Laplace,1749～1827)曾说:"对数,可以缩短计算时间,在实效上等于把天文学家的寿命延长了许多倍."

可以说,纳皮尔是当之无愧的"对数缔造者",他的成就为世人瞩目.恩格斯在他的著作《自然辩证法》中,曾经把纳皮尔对数的发明、笛卡尔解析几何的创立和牛顿-莱布尼茨的微积分并称为十七世纪数学的三大成就.

3.6.2 对数函数

学习目标

1. 了解对数函数的概念;
2. 理解对数函数的性质.

归纳总结

本节的学习要注意把握以下几个要点:

1. 了解对数函数的定义、图象及其性质以及它与指数函数间的关系;

2. 会求对数函数的定义域和值域;

3. 渗透应用意识,培养归纳思维能力和逻辑推理能力,提高数学发现能力.

复习巩固

1. 在同一坐标系中,函数 $y = 2^{-x}$ 与 $y = \log_2 x$ 的图象是 ( )

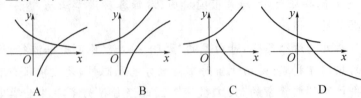

2. 设 $0 < a < 1$,则函数 $y = \log_a(x+5)$ 的图象经过 ( )

A. 第二象限,第三象限,第四象限

B. 第一象限,第三象限,第四象限

C. 第一象限,第二象限,第四象限

D. 第一象限,第二象限,第三象限

3. 函数 $y = \log_a(x-2)(a > 0,$ 且 $a \neq 1)$ 恒过定点_____.

4. 若 $\log_{(2x-1)}(1+3x)$ 有意义,则 x 的取值范围是_____.

5. 函数 $f(x) = \sqrt{\log_3(3x-1)} + 7$ 的定义域是_____.

6. 已知 $a = 0.3^2, b = 2^{0.3}, c = \log_2 0.3$,则 a, b, c 的大小关系为 ( )

A. $a > b > c$ B. $b > a > c$ C. $a > c > b$ D. $c > b > a$

7. 下列四个命题:

(1) 函数 $f(x) = \dfrac{2}{x}$ 在其定义域上是单调减函数;

(2) 函数 $y = \ln(1+x) - \ln(1-x)$ 是奇函数;

(3) 若奇函数 $y = f(x)$ 在 $[1, 6]$ 上单调递增,则在 $[-6, -1]$ 也单调递增;

(4) 对于函数 $f(x) = \log_2(x-2)$,使 $f(x) < 1$ 的 x 的集合是 $(-\infty, 4)$.

其中正确命题的序号是_____.

灵活运用

8. 已知 $\sqrt{2} \leqslant x \leqslant 8$,求函数 $f(x) = \left(\log_2 \dfrac{x}{2}\right)\left(\log_2 \dfrac{4}{x}\right)$ 的最大值和最小值.

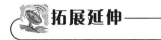

拓展延伸

9. 已知函数 $f(x)=\lg(2+x)$，$g(x)=\lg(2-x)$，设 $h(x)=f(x)+g(x)$.

(1) 求函数 $h(x)$ 的定义域；

(2) 判断函数 $h(x)$ 的奇偶性，并说明理由.

"费马大定理"

不存在正整数 x,y,z 使 $x^n+y^n=z^n$，$n>2$.

费马留下的这一千古难题，三百多年来无数的数学家尝试要去解决却都徒劳无功.这个数学难题最终由英国的数学家维尔斯(A. Wiles)所解决，其实维尔斯是利用二十世纪过去的三十年来抽象数学发展的结果加以证明的.

3.6 单元测试

1. 若 $\log_2 x = 3$，则 $x =$ $\qquad$ ( )

A. 4   B. 6   C. 8   D. 9

2. 函数 $y = 2 + \log_2 x \, (x \geqslant 1)$ 的值域为 ( )

A. $(2, +\infty)$ B. $(-\infty, 2)$ C. $[2, +\infty)$ D. $[3, +\infty)$

3. $\log_{(\sqrt{n+1}-\sqrt{n})}(\sqrt{n+1}+\sqrt{n}) =$ ( )

A. 1   B. -1 C. 2   D. -2

4. 若 $2\lg(y - 2x) = \lg x + \lg y$，那么 ( )

A. $y = x$ B. $y = 2x$ C. $y = 3x$ D. $y = 4x$

5. 对数式 $\log_{(a-2)}(5 - a) = b$ 中，实数 a 的取值范围是 ( )

A. $(-\infty, 5)$ B. $(2, 5)$

C. $(2, +\infty)$ D. $(2, 3) \bigcup (3, 5)$

6. 不等式的 $\log_4 x > \dfrac{1}{2}$ 解集是 ( )

A. $(2, +\infty)$ B. $(0, 2)$

C. $\left(\dfrac{1}{2}, +\infty\right)$ D. $\left(0, \dfrac{1}{2}\right)$

7. 若 $\log_x(\sqrt{2} + 1) = -1$，则 $x =$ _____；若 $\log_{\sqrt{2}} 8 = y$，则 $y =$ _____.

8. 函数 $y = \log_{(x-1)}(3 - x)$ 的定义域是_____.

9. 若 $a = \log_2 m$，$b = \log_5 m$，且 $\dfrac{1}{a} + \dfrac{1}{b} = 1$，则 $m =$ _____.

10. 计算：

(1) $\dfrac{\lg \sqrt{27} + \lg 8 - 3\lg \sqrt{10}}{\lg 1.2}$；   (2) $\lg^2 2 + \lg 2 \cdot \lg 5 + \lg 5$.

11. (1) 已知 $f\left(\dfrac{2}{x}+1\right)=\lg x$，求 $f(x)$；

(2) 已知 $f(x)$ 是一次函数，且满足 $3f(x+1)-2f(x-1)=2x+17$，求 $f(x)$；

3.7 幂函数

学习目标

了解幂函数的概念及常见幂函数的性质.

归纳总结

本节的学习要注意把握以下几个要点:

1. 了解幂函数的概念;

2. 结合函数 $y = x$,$y = x^2$,$y = x^3$,$y = \dfrac{1}{x}$,$y = x^{\frac{1}{2}}$ 的图象,了解幂函数的图象变化情况;

3. 掌握一些简单的幂函数的定义域、值域、单调性等性质.

复习巩固

1. 下面的函数中是幂函数的是   (   )

① $y = 5^x$;② $y = x^5$;③ $y = 5x$;④ $y = \sqrt[5]{x}$.

A. ①②   B. ③④   C. ①③   D. ②④

2. 幂函数 $y = x^\alpha$ (α 是常数)的图象   (   )

A. 一定经过点 $(0,0)$ B. 一定经过点 $(1,-1)$

C. 一定经过点 $(-1,1)$ D. 一定经过点 $(1,1)$

3. 下列函数中,在区间 $(0,+\infty)$ 上是减函数的是   (   )

A. $y = -\dfrac{1}{x}$ B. $y = x$ C. $y = x^2$ D. $y = 1 - x$

4. 函数 $y = x^2$ 的图象与函数 $y = \sqrt{x}$ 的图象在第一象限的部分   (   )

A. 关于原点对称

B. 关于 x 轴对称

C. 关于 y 轴对称

D. 关于直线 $y = x$ 对称

5. 函数 $y = x^{\frac{3}{2}}$ 的定义域是_____.

6. 已知 $a = (-1.2)^{\frac{2}{3}}$,$b = 1.1^{\frac{2}{3}}$,$c = 1.2^{\frac{2}{3}}$,$d = (-1.2)^{\frac{1}{3}}$,则 a,b,c,d 的大小关系是_____.

 **灵活运用**

7. 函数 $y = (m^2 - m - 1)x^{m^2 - 2m - 1}$ 是幂函数,且在 $x \in (0, +\infty)$ 上是减函数,求实数 m.

 拓展延伸

8. 已知函数 $f(x) = x^m - \dfrac{4}{x}$,且 $f(4) = 3$.

(1) 求 m 的值;

(2) 证明 $f(x)$ 的奇偶性;

(3) 判断 $f(x)$ 在 $(0, +\infty)$ 上的单调性,并给予证明.

"四色猜想"

　　每幅地图都可以用四种颜色着色,使得有共同边界的国家着上不同的颜色.

　　"四色猜想"是由英国当时青年大学生古德里(F. Guthrie)于 1852 年提出的,当时四色猜想成了世界数学界关注的问题.1976 年,美国数学家阿佩尔与哈肯在美国伊利诺伊大学的两台不同的电子计算机上,用了 1 200 个小时,作了 100 亿次判断,先后修改了 500 多次,终于完成了证明.四色猜想的计算机证明,轰动了世界.

3.8 函数与方程

3.8.1 函数的零点

学习目标

了解二次函数的零点与相应的一元二次方程的根的联系.

归纳总结

本节的学习要注意把握以下几个要点：

1. 了解二次函数的零点与相应的一元二次方程的根的联系；
2. 会判断一些简单函数在某个区间上的零点的存在性.

1. 根据表格中的数据,可以断定方程 $e^x - x - 2 = 0$ 的一个根所在的区间是（　　）

x	-1	0	1	2	3
e^x	0.37	1	2.72	7.39	20.09
$x+2$	1	2	3	4	5

A. $(-1,0)$ 　　　B. $(0,1)$ 　　　C. $(1,2)$ 　　　D. $(2,3)$

2. 方程 $x^3 - x - 1 = 0$ 的根所在的区间是　　　　　　　（　　）

A. $(0,1)$ 　　　B. $(1,2)$ 　　　C. $(2,3)$ 　　　D. $(3,4)$

3. 方程 $-\log_3 x = x + 2$ 的根所在的区间为　　　　　　（　　）

A. $(0,1)$ 　　　B. $(1,2)$ 　　　C. $(2,3)$ 　　　D. $(3,4)$

4. 若函数 $f(x)$ 在 $[0,4]$ 上的图象是连续的,且方程 $f(x) = 0$ 在 $(0,4)$ 内仅有一个实数根,则 $f(0)f(4)$ 的值　　　　　　　　　　　（　　）

A. 大于 0 　　　B. 小于 0 　　　C. 等于 0 　　　D. 无法判断

5. 设函数 $f(x) = x^3 + bx + c$ 在 $[-1,1]$ 上为增函数,且 $f\left(\dfrac{1}{2}\right) \cdot f\left(-\dfrac{1}{2}\right) < 0$,则方程 $f(x)$ 在 $[-1,1]$ 内　　　　　　　　　　　　　（　　）

A. 可能有 3 个实数根 　　　　　B. 可能有 2 个实数根

C. 有唯一的实数根 D. 没有实数根

6. 若函数 $f(x) = mx^2 + 8mx + 21$，当 $f(x) < 0$ 时，$-7 < x < -1$，则实数 m 的值为 （ ）

A. 1 B. 2 C. 3 D. 4

7. 已知二次函数的图象如图所示.
(1) 写出该函数的零点；
(2) 写出该函数的解析式.

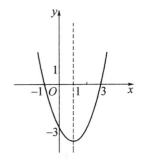

灵活运用

8. 已知函数 $f(x) = 2(m-1)x^2 - 4mx + 2m - 1$，
(1) m 为何值时，函数图象与 x 轴有且只有一个公共点；
(2) 如果函数的一个零点为 0，求 m 的值.

拓展延伸

9. 已知二次函数 $f(x) = ax^2 + bx$（a,b 是常数且 $a \neq 0$）满足条件：$f(2) = 0$，且方程 $f(x) = x$ 有等根，
(1) 求 $f(x)$ 的解析式.
(2) 问：是否存在实数 m,n 使得 $f(x)$ 定义域和值域分别为 $[m,n]$ 和 $[2m,2n]$，如存在，求出 m,n 的值；如不存在，说明理由.

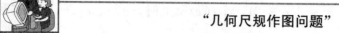

"几何尺规作图问题"

（1）化圆为方——求作一正方形使其面积等于一已知圆；（2）三等分任意角；（3）倍立方——求作一立方体使其体积是一已知立方体的二倍；（4）作正十七边形．

以上四个问题限制只能用直尺、圆规作图，而这里的直尺是指没有刻度只能画直线的尺．它们一直困扰数学家二千多年都不得其解，而实际上前三大问题都已证明不可能用直尺圆规经有限步骤解决．第四个问题是高斯用代数的方法解决的，他也视此为生平得意之作，还交代要把正十七边形刻在他的墓碑上，但后来他的墓碑上并没有刻上十七边形，而是十七角星，因为负责刻碑的雕刻家认为，正十七边形和圆太像了，大家一定分辨不出来．

*3.8.2 二分法与方程的近似解

学习目标

了解用二分法求方程近似解的过程．

归纳总结

本节的学习要注意把握以下几个要点：

1. 理解二分法的概念，掌握运用二分法求简单方程近似解的方法；

2. 能借助计算器求形如 $x^3 + ax + b = 0, a^x + bx + c = 0, \lg x + bx + c = 0$ 的方程的近似解；

3. 体验并理解函数与方程的相互转化的数学思想方法；

4. 初步了解近似逼近思想，培养探究问题的能力．

复习巩固

1. 下列函数图象中，不能用二分法求零点的是   （   ）

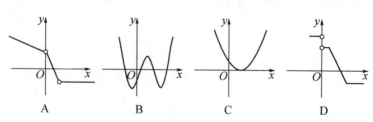

A   B   C   D

2. 下列函数中在区间 $[1,2]$ 上有零点的是 （ ）

A. $f(x)=3x^2-4x+5$
B. $f(x)=x^3-5x-5$

C. $f(x)=\ln x-3x+6$
D. $f(x)=e^x+3x-6$

3. 若 $f(x)$ 的图象是连续不断的,且 $f(1)f(2)f(3)<0$,则下列命题正确的是

（ ）

A. $f(x)$ 在 $(0,1)$ 内有零点
B. $f(x)$ 在 $(1,2)$ 内有零点

C. 在 $(0,2)$ 内有零点 $f(x)$
D. $f(x)$ 在 $(0,4)$ 内有零点

4. 用二分法求方程 $x^3-2x-5=0$ 在区间 $[2,3]$ 内的实根,取区间中点 $x_0=2.5$,那么下一个有根区间是_____.

5. 求方程 $\lg x=3-x$ 的近似解.(精确到 0.1)

 灵活运用

6. 若方程 $x^3-x+1=0$ 在区间 $(a,b)(a,b\in\mathbf{Z}$,且 $b-a=1)$ 上有一根,则 $a+b=$ _____.

拓展延伸

7. 讨论方程 $|1-x|=kx$ 的实根的个数.

"蜂窝猜想"

截面呈正六边形的蜂窝,是蜜蜂采用最少量的蜂蜡建造成的.

"蜂窝猜想"是公元四世纪古希腊数学家佩波斯提出的,蜂窝的优美形状,是自然界最有效劳动的代表.1943 年,匈牙利数学家陶斯巧妙地证明,在所有首尾相连的多边形中,正多边形的周长是最小的.

3.8 单元测试

1. 若函数 $f(x)$ 在区间 $[a,b]$ 上为减函数,则 $f(x)$ 在 $[a,b]$ 上 　　（　　）

A. 至少有一个零点　　　　　　　　B. 只有一个零点
C. 没有零点　　　　　　　　　　　D. 至多有一个零点

2. 若 $y=f(x)$ 的最小值为 2,则 $y=f(x)-1$ 的零点个数为 　　（　　）
A. 0　　　　　　B. 1　　　　　　C. 0 或 1　　　　D. 不确定

3. 函数 $f(x)=(x^2-2)(x^2-3x+2)$ 的零点个数为 　　（　　）
A. 1　　　　　　B. 2　　　　　　C. 3　　　　　　D. 4

4. 函数 $f(x)=2x\ln(x-2)-3$ 的零点所在区间为 　　（　　）
A. $(2,3)$　　　　B. $(3,4)$　　　　C. $(4,5)$　　　　D. $(5,6)$

5. 方程 $|x^2-2|=\lg x$ 的实数根的个数是 　　（　　）
A. 1　　　　　　B. 2　　　　　　C. 3　　　　　　D. 无数个

6. 函数 $f(x)=e^{x-1}+4x-4$ 的零点所在区间为 　　（　　）
A. $(-1,0)$　　　B. $(0,1)$　　　　C. $(1,2)$　　　　D. $(2,3)$

7. 函数 $y=-x^2+x+20$ 的零点为_____.

8. 用二分法求方程 $x^3-2x-5=0$ 在区间 $[2,3]$ 内的实根,由计算器可算得 $f(2)=-1,f(3)=16,f(2.5)=5.625$,那么下一个有根区间为_____.

9. 若函数 $f(x)$ 为定义域是 **R** 的奇函数,且 $f(x)$ 在 $(0,+\infty)$ 上有一个零点.则 $f(x)$ 的零点个数为_____.

10. 下列函数:① $y=\lg x$;② $y=2^x$;③ $y=x^2$;④ $y=|x|-1$. 其中有 2 个零点的函数的序号是_____.

11. 已知函数 $f(x)=2(m+1)x^2+4mx+2m-1$.
(1) m 为何值时,函数的图象与 x 轴有两个零点?
(2) 若函数至少有一个零点在原点右侧,求 m 值.

3.9 函数模型及其应用

学习目标

了解指数函数、对数函数、幂函数、分段函数等函数模型的意义,并能进行简单应用.

归纳总结

本节的学习要注意把握以下几个要点:

1. 运用函数解决实际问题的一般步骤:① 读题、审题(文字语言);② 建模(数学符号语言);③ 求解(运用数学知识求解);④ 反馈(检验作答),其关键是建立目标函数即建模.

2. 培养分析问题、解决问题的能力.

复习巩固

1. 4 支笔与 5 本书的价格之和小于 22 元,而 6 支笔与 3 本书的价格之和大于 24 元,则 2 支笔与 3 本书的价格比较: ( )

A. 2 支笔贵 B. 3 本书贵 C. 二者相同 D. 无法确定

2. 某医药研究所开发一种新药,如果成年人按规定的剂量服用,据检测,服药后每毫升血液中的含药量 y(毫克)与时间 t(小时)之间的关系用如图所示曲线表示.据进一步测定,每毫升血液中含药量不少于 0.25 毫克时,治疗疾病有效,则服药一次治疗该疾病有效的时间(小时)为_____.

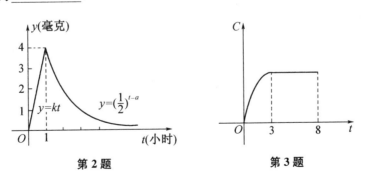

第 2 题　　　　第 3 题

3. 某工厂 8 年来某种产品的总产量 C 与时间 t(年)的函数关系如图所示,下列四种说法:

① 前三年中,产量增长的速度越来越快;

② 前三年中,产量增长的速度越来越慢;

③ 第三年中,产品停止生产;

④ 第三年中,这种产品产量保持不变.

其中说法正确的是_____.

4. 某企业决定从甲、乙两种畅销产品中选择一种进行投资生产打入国际市场,已知投资生产这两种产品的有关数据如下表所示(单位:万美元),其中年固定成本与生产的件数无关,a 为常数,且 $4 \leqslant a \leqslant 8$. 另外,年销售 x 件乙产品时需上交 $0.05x^2$ 万美元的特别关税.

项目 类别	年固定成本	每件产品成本	每件产品销售价	每年最多生产的件数
甲产品	30	a	10	200
乙产品	50	8	18	120

(1) 写出该企业分别投资生产甲、乙两种产品的年利润 y_1,y_2 与生产相应产品的件数 $x(x \in \mathbf{N})$ 之间的函数关系式;

(2) 分别求出投资生产这两种产品的最大年利润;

(3) 如何决定投资可获得最大年利润?

灵活运用

5. 现有某种细胞 100 个,其中有占总数 $\frac{1}{2}$ 的细胞每小时分裂一次,即由 1 个细胞分裂成 2 个细胞,按这种规律发展下去,经过多少小时,细胞总数可以超过 10^{10} 个?(参考数据:$\lg 3 = 0.477$,$\lg 2 = 0.301$)

6. 用一条长为 L 米的钢丝折成一个矩形,该矩形长为多少时,面积最大?

 **拓展延伸**

7. 一辆中型客车的营运总利润 y(单位:万元)与营运年数 $x(x \in \mathbf{N})$ 的变化关系如表所示,则客车的运输年数为_____时该客车的年平均利润最大. ( )
   A. 4   B. 5   C. 6   D. 7

x 年	4	6	8	⋯
$y = ax^2 + bx + c$(万元)	7	11	7	⋯

数学链接

"孪生素数猜想"

    自然界中存在无穷多对孪生素数.(孪生素数指的是相差 2 的一对素数,如 3 和 5,5 和 7,11 和 13,……,10 016 957 和 10 016 959,等等都是孪生素数.)

    1849 年,波林那克提出孪生素数猜想,1966 年,中国数学家陈景润在这方面取得最好的结果,孪生素数猜想至今仍未解决.

第三章综合测试

1. 已知 $a < \dfrac{1}{4}$，则化简 $\sqrt[4]{(4a-1)^2}$ 的结果是＿＿＿＿＿．

2. 与函数 $f(x) = |x|$ 相同函数的有＿＿＿＿＿（写出一个你认为正确的即可）．

3. 已知 $f\left(\dfrac{1}{x}\right) = x^2 + 5x$，则 $f(x) = $ ＿＿＿＿＿．

4. $2^{\frac{1}{3}}$，$\left(\dfrac{2}{3}\right)^{-1}$，$3^{\frac{1}{3}}$ 的大小顺序为＿＿＿＿＿＿＿＿．

5. 若 $f(x) = \begin{cases} f(x+3), & (x < 6), \\ \log_2 x, & (x \geqslant 6), \end{cases}$ 则 $f(-1)$ 的值为＿＿＿＿＿．

6. 函数 $f(x) = \dfrac{3x^2}{\sqrt{1-x}} + \lg(3x+1)$ 的定义域是＿＿＿＿＿．

7. 已知函数 $f(x) = x^2 - 2x + 3$ 在闭区间 $[0, m]$ 上最大值为 3，最小值为 2，则 m 的取值范围为＿＿＿＿＿．

8. 函数 $y = \lg(x^2 + 2x + m)$ 的值域是 **R**，则 m 的取值范围是＿＿＿＿＿．

9. 函数 $f(x) = e^x - \dfrac{1}{x}$ 的零点个数为＿＿＿＿＿．

10. 设函数 $f(x) = (x+1)(x+a)$ 为偶函数，则 $a = $ ＿＿＿＿＿．

11. 已知 $y = f(x)$ 是定义在 $(-2, 2)$ 上的增函数，若 $f(m-1) < f(1-2m)$，则 m 的取值范围是＿＿＿＿＿．

12. 已知 $f(x) = \dfrac{a(2^x + 1) - 2}{2^x + 1}$ 是奇函数，则实数 a 的值为＿＿＿＿＿．

13. 幂函数 $f(x) = x^\alpha$（α 是有理数）的图象过点 $\left(2, \dfrac{1}{4}\right)$，则 $f(x)$ 的一个单调递减区间是＿＿＿＿＿．

14. 若函数 $f(x) = a^x - 1$（$a > 0, a \neq 1$）的定义域和值域都是 $[0, 2]$，则实数 a 等于＿＿＿＿＿．

15. 如果二次函数 $y = x^2 + mx + (m+3)$ 有两个不同的零点，则 m 的取值范围是＿＿＿＿＿．

16. 关于函数 $f(x) = 2^x - 2^{-x}$（$x \in \mathbf{R}$），有下列三个结论：
① $f(x)$ 的值域为 **R**；
② $f(x)$ 是 **R** 上的增函数；

③ 对任意 $x \in \mathbf{R}$，有 $f(-x) + f(x) = 0$ 成立.

其中正确结论的序号是_____.

17. 已知函数 $f(x) = \lg \dfrac{1-x}{1+x}$.

(1) 判断函数 $f(x)$ 的奇偶性；

(2) 若 $f(x) \leqslant 1$，求实数 x 的取值范围.

18. 化简求值.

(1) $\log_2 \sqrt{\dfrac{7}{48}} + \log_2 12 - \dfrac{1}{2} \log_2 42 - 1$；

(2) $(\lg 2)^2 + \lg 2 \cdot \lg 50 + \lg 25$；

(3) $(\log_3 2 + \log_9 2) \cdot (\log_4 3 + \log_8 3)$.

19. 已知 $f(x)$ 在定义域 $(0, +\infty)$ 上为增函数，且满足 $f(xy) = f(x) + f(y)$，$f(3) = 1$，试解不等式 $f(x) + f(x-8) \leqslant 2$.

20. 如图所示，在矩形 $ABCD$ 中，已知 $AB = a$，$BC = b(b < a)$，在 AB，AD，CD，CB 上分别截取 AE，AH，CG，CF 都等于 x，当 x 为何值时，四边形 $EFGH$ 的面积最大？并求出最大面积.

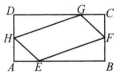

数学·学习与评价
一年级 上册
参考答案

第一章 集合与简易逻辑

1.1 集合的含义及其表示

1.1.1 集合的概念

1. B.

2. ①、②、⑤.

3. D.

4. $p=1$,集合 A 中有 2 个元素$-2,1$.

5. $x=-1$.

6. $a=0,b\neq0$ 时为空集;$a\neq0$ 时为有限集;$a=0,b=0$ 时为无限集.

自我测试

1. ②、③.

2. ③.

3. $a=-1,a=0,a=-2$.

4. 2 个.

5. $a\geqslant\dfrac{9}{4}$ 或 $a=0$.

1.1.2 集合的表示方法

1. C.

2. ③.

3. $a=0,a=1,a=3$.

4. $\{x\,|\,x$ 为小于 10 的正奇数$\}$.

5. $\{(0,8),(1,7),(2,4)\}$.

6. $x=3,y=-\dfrac{1}{2}$.

7. $a+b\notin A,a+b\in B$.

自我测试

1. C.

2. A.

3. $\notin$, $=$.

4. $\{3,5,7\}$.

5. $\{(1,0),(0,1),(-1,0),(0,-1)\}$.

6. $\{(3,4),(3,5),(3,6),(4,4),(4,5),(4,6)\}$.

1.1 单元测试

1. B.

2. A.

3. D.

4. $\{x\,|\,x$ 为等腰直角三角形$\}$.

5. $\{-1,0,1,2\}$.

6. $\{a\,|\,a\in\mathbf{R},a\neq-3,\text{且 }a\neq-2\}$.

7. 9.

8. 3 个.

9. $\{1,2,4,5\}$.

10. (1) $m\in S$； (2) $x_1+x_2\in S$.

1.2 集合之间的关系

1.2.1 子 集

1. ①、②、④.

2. B.

3. B.

4. B.

5. $x=-2,0,2$.

6. (1) $B=\{0,1\}$，$B\subseteq A$； (2) $a=-1,c=0$.

7. (1) $\varnothing$； (2) $\left\{\dfrac{1}{b}\right\}$； (3) $\left\{0,\dfrac{1}{2},1\right\}$.

自我测试

1. (1) $A\subseteq B$； (2) $A\subseteq B$； (3) $B\subseteq A$； (4) $A\subseteq B$.

2. $a\geqslant 2$.

3. B.

4. 8.

5. $a=0,-\dfrac{1}{2},\dfrac{1}{3}$.

6. (1) $m\leqslant 3$； (2) $m<2$ 或 $m>4$.

1.2.2 集合的相等

1. C.

2. A.

3. $\supseteq$.

4. 16.

5. ①、③.

6. $\{0,1\}$.

7. 5个.

自我测试

1. (1) A.

2. $(1,4]$.

3. $d=-\dfrac{3}{4}, q=-\dfrac{1}{2}$.

4. (1) $-\dfrac{1}{2}, \dfrac{1}{3}, 2$; (2) 0 不是集合 A 的元素.

1.2 单元测试

1. A.

2. A.

3. C.

4. C.

5. $\subseteq, \subseteq$.

6. 8.

7. 0.

8. $b=-3, c=2$.

9. (1) $a\leqslant 2$; (2) 不存在; (3) $a<1$ 或 $a>3$.

1.3 集合的运算

1.3.1 交集与并集

1. D.

2. $\{3,7\}, \{0,1,2,3,5,7,9\}$.

3. B, A.

4. $[-1,1], \mathbf{R}$.

5. A.

6. $\{(2,4)\}$.

7. 15,21.

8. $a=1, A\cup B=\{0,1,2,3,7\}$.

9. (1) $\{m\,|\,-6\leqslant m\leqslant-2\}$; (2) $\{m\,|\,m\leqslant-11$ 或 $m\geqslant 3\}$.

10. (1) $\{a\,|\,-1<a<2\}$; (2) $A\cup B=\{-1,1,4\}$ 或 $\{1,2,4\}$; (3) $\{a\,|\,-1<a<2\}$.

自我测试

1. B.

2. A.

3. B.

4. 4.

5. $[0,5)$.

6. 12.

7. (1) $B=\{1\},\{1,2\},\{1,3\},\{1,2,3\}$.

8. (1) $m<-2$; (2) $m\geqslant-2$; (3) $m\geqslant4$.

1.3.2　全集与补集

1. $\{6\},\{6\}$.

2. $\{x|x<0,x\geqslant1\},\{x|1\leqslant x\leqslant3\}$.

3. D.

4. D.

5. $\complement_M[(P\cap M)\cup(M\cap N)]$.

6. $A=\{1,3,5,7\},B=\{2,3,4,6,8\}$.

7. 8人.

自我测试

1. A.

2. B.

3. 2,16.

4. 4.

5. 8.

1.3 单元测试

1. D.

2. B.

3. C.

4. B.

5. 5,6,7.

6. $p=3,q=2,A\cup B=\{-1,-2,4\}$.

7. $a=-4$ 或 $a=2,b=3$.

8. $\varnothing,\{0\},\{1\},\{3\},\{0,1\},\{0,3\},\{1,3\},\{0,1,3\}$.

9. (1) $\{x|2<x<10\},\{x|2<x<3,$ 或 $7<x<10\}$; (2) $a>3$.

10. $p=-4,q=3$

1.4　四种命题

1. D.

2. B.

3. 没有角相等的三角形不是等腰三角形.

4. B.

5. (1) 原命题:若四边形的四个角都相等,则它是正方形.假命题.

　　逆命题:正方形的四个角都相等.真命题.

　　否命题:四个角不都相等的四边形不是正方形.真命题.

　　逆否命题:不是正方形的四边形,四个角不都相等.假命题.

　(2) 原命题:若一个数能被 6 整除,则它能被 3 整除.真命题.

　　逆命题:被 3 整除的数能被 6 整除.假命题.

　　否命题:不能被 6 整除的数不能被 3 整除.假命题.

　　逆否命题:不能被 3 整除的数不能被 6 整除.真命题.

6. $a \neq 0$ 且 $b \neq 0$,则 $ab \neq 0$.

7. 逆命题:若 $b^2 - 4c \geqslant 0$,则方程 $x^2 + bx + c = 0$ 有非空解集 $(b,c \in \mathbf{R})$.真命题.

否命题:若方程 $x^2 + bx + c = 0$ 的解集为空集,则 $b^2 - 4c < 0$ $(b,c \in \mathbf{R})$.真命题.

逆否命题:若 $b^2 - 4c < 0$,则方程 $x^2 + bx + c = 0$ 的解集为空集 $(b,c \in \mathbf{R})$.真命题.

8. $[1,2]$.

自我测试

1. D.

2. B.

3. B.

4. 原命题:若两条直线平行于同一直线,则它们互相平行.真命题.

　　逆命题:若两条直线互相平行,则它们平行于同一直线.真命题.

　　否命题:若两条直线不平行于同一直线,则它们不平行.真命题.

　　逆否命题:若两条直线不平行,则它们不平行于同一直线.真命题.

1.5　充分条件与必要条件

1. 充分,必要.

2. (1) 既不充分也不必要条件;　(2) 充分不必要条件.

3. B.

4. B.

5. B.

6.

p	q	p 是 q 的
$ab < 0 (a,b \in \mathbf{R})$	$\mid a \mid + \mid b \mid = \mid a - b \mid (a,b \in \mathbf{R})$	①
四边形 $ABCD$ 是平行四边形	四边形 $ABCD$ 是矩形	②
$a^2 - b^2 < 0$	$a - b < 0$	④
$A \cap B = \varnothing, A \cup B = U$	$A = \complement_U B, B = \complement_U A$	③

7. A.

8. $a > 0, c < 0$.（答案不唯一）

自我测试

1. A.

2. A.

3. D.

4.

p	q	p是q的
$a>b$	$a+c>b+c$	③
两个三角形全等	这两个三角形的面积相等	①
有两个角相等	三角形是等腰三角形	③
$x<5$	$x<3$	②
两直线平行	内错角相等	③

1.6 逻辑联结词

1. D.

2. A.

3. p且q,p或q,非p.

4. "p或q":平行四边形的对角线相等或互相平分.真命题.

"p且q":平行四边形的对角线相等且互相平分.假命题.

"非p":平行四边形的对角线不相等.假命题.

5. p假q真.

6. $1<m\leqslant2$ 或 $m\geqslant3$.

自我测试

1. C.

2. A.

3. D.

4. D.

5. 矩形有外接圆或矩形有内切圆.

1.7 全称量词与存在量词

1.7.1 量词

1. B.

2. A.

3. (1)假命题; (2)假命题; (3)假命题; (4)真命题.

4. $k<0$.

自我测试

1. (1)全称命题; (2)存在性命题; (3)全称命题.

2. $0\leqslant a<3$.

3. (1) $\forall$凸n边形的外角和等于2π; (2)∃一个实数不能取对数.

1.7.2 含有一个量词的命题的否定

1. D.

2. $\exists x \in \mathbf{R}, x^2 - x + 3 \leqslant 0.$

3. 至少存在一个无理数 x, x^2 不是无理数.

4. C.

5. $\exists x \in \mathbf{Q}, x^2 - 3 = 0.$

自我测试

1. D.

2. C.

3. D.

4. (1) $\exists x \in \mathbf{R}, 3x = x$；　(2) $\forall x \in \{-2, -1, 0, 1, 2\}, |x - 2| \geqslant 2.$

1.7 单元测试

1. ②.

2. "对任意实数 x, 满足 $x^2 - x + 1 \neq 0$".

3. D.

4. (1) 有的质数是偶数. 真命题；　(2) 线段的垂直平分线上的有些点到这条线段两个端点的距离不相等. 假命题；　(3) 有些整数, 它的平方的个位数字等于 3. 假命题；

(4) 所有的三角形都是等边三角形. 假命题；　(5) 有的无理数不是实数. 假命题；

(6) 对任意实数 $x, x^2 + 2x + 3 \neq 0$. 真命题.

第一章综合测试

1. C.

2. A.

3. D.

4. A.

5. B.

6. 若 a, b 不同号, 则 $ab \leqslant 0.$

7. $a \leqslant 1.$

8. $a = 0.$

9. $N \subsetneqq M.$

10. $a > 0, c < 0.$

11. $-1.$

12. $N \subsetneqq M.$

13. $\{x | x < -1 \text{ 或 } x \geqslant 3\}.$

14. (1) p 或 $q:1 \in \mathbf{Z}$, 或 $1 \in \mathbf{Q}$. 真命题.

　　　　p 且 $q:1 \in \mathbf{Z}$ 且 $1 \in \mathbf{Q}$. 真命题.

　　　　非 $p:1 \notin \mathbf{Z}$. 假命题.

(2) p 或 $q:3 > 2$, 或 $3 = 2$. 真命题.

　　　p 且 $q:3 > 2$ 且 $3 = 2$. 假命题.

非 p:$3\leqslant2$.假命题.

(3) p 或 q:平行四边形的对角线相等或平行四边形的对角线互相垂直.假命题.

p 且 q:平行四边形的对角线相等且平行四边形的对角线互相垂直.假命题.

非 p:平行四边形的对角线不相等.假命题.

15. $a\geqslant-\dfrac{1}{2}$.

16. $-2\sqrt{2}<a<2\sqrt{2}$ 或 $a=3$.

第二章　不等式（Ⅰ）

2.1　一元二次不等式

2.1.1　一元二次不等式

1. 设围成的矩形长为 x,则 $x(5-x)>6$.

2. $\dfrac{1}{20}x+\dfrac{1}{180}x^2>39.5$.

3. $-2x^2+320x>10\ 000$.

4. $(100-10x)(2+x)>300$.

自我测试

$(65-5R)\cdot120\cdot\dfrac{R}{100}\geqslant240$.

2.1.2　一元二次不等式的解法

1. $x_1=-2,x_2=3$;向上;$\{x\mid x<-2$ 或 $x>3\}$;$\{x\mid-2<x<3\}$.

2. $\{x\mid x<0$ 或 $x>1\}$.

3. $\{x\mid0\leqslant x\leqslant1\}$.

4. $-1,0,1,2,3,4$.

5. $1<a<2$.

6. 当围成矩形的长在 $2\ \mathrm{m}$ 到 $3\ \mathrm{m}$ 之间时,其面积大于 $6\ \mathrm{m}^2$.

7. 当 $a<2$ 时,解集为 $\{x\mid a<x<2\}$;当 $a=2$ 时,解集为 $\varnothing$;当 $a>2$ 时,解集为 $\{x\mid2<x<a\}$.

8. $-4<m\leqslant0$.

自我测试

1. (1) $\left\{x\mid x<1\ \text{或}\ x>\dfrac{3}{2}\right\}$.　　(2) $\varnothing$.　　(3) $\{x\mid-1\leqslant x\leqslant0\}$.　　(4) **R**.

2. B.

3. A.

4. $\{3\}$.

5. (1) $x=-2$ 或 $x=7$.　　(2) ① $-2<x<7$；② $x<-2$ 或 $x>7$.

6. $a=-\dfrac{1}{7},c=-\dfrac{12}{7}$.

7. $2<m<6$.

8. 该厂日产量在 20 件至 45 件之间时（包括 20 件和 45 件），日获利不少于 1 300 元.

2.1 单元测试

1. C.

2. $k<-6$ 或 $k>2$.

3. $2<a<3$.

4. $-4<k<2$.

5. $\{x\mid 0\leqslant x<4\}$.

6. $\{x\mid-\sqrt{5}<x<\sqrt{5}\}$.

7. $5\leqslant R\leqslant 8$.

2.2　绝对值不等式

1. (1) $\{x\mid x\leqslant-1,$ 或 $x\geqslant 5\}$；(2) $\left\{x\mid\dfrac{1}{2}<x<\dfrac{5}{2}\right\}$.

2. A.

3. B.

4. A.

5. $\left\{x\mid-1\leqslant x<\dfrac{3}{2}\text{ 或 }\dfrac{7}{2}<x\leqslant 6\right\}$.

6. $2<a<3$.

7. $\{x\mid x<-3$ 或 $x>3\}$.

8. $\dfrac{5}{3}<a\leqslant 4$ 或 $6\leqslant a<9$.

自我测试

1. (1) $\left\{x\mid-\dfrac{1}{3}<x<\dfrac{1}{3}\right\}$；　(2) $\{x\mid x\leqslant-25$ 或 $x\geqslant 25\}$.

2. D.

3. C.

4. C.

5. C.

6. $a\geqslant 1$.

7. (1) 当 $a<-3$ 时，x 的取值范围构成的集合是 $\varnothing$；当 $-3\leqslant a<0$ 时，x 的取值范围构成的集合是 $\{x\mid-1\leqslant x\leqslant 2+a\}$.　　(2) $a<-3$ 或 $a>5$.

第二章综合测试

1. D.

2. A.

3. B.

4. C.

5. D.

6. $\{x \mid x < 0 \text{ 或 } x > 2\}$.

7. $\{x \mid 0 < x < 1\}$.

8. -7.

9. $2 < a < 3$.

10. $-2, -1, 4, 5$.

11. (1) $\{x \mid x < 3 \text{ 或 } x > 4\}$; (2) $\{x \mid -3 \leqslant x \leqslant 1\}$; (3) $\varnothing$; (4) **R**.

12. $-3 < k < 2$.

13. $k < 0 \text{ 或 } k > 2$.

第三章 函 数

3.1 函数及其表示法

3.1.1 函数的概念

1. $\dfrac{1}{8}$.

2. (1)、(2).

3. (1) $\left\{x \mid x \neq \dfrac{1}{2}\right\}$; (2) $\left\{x \mid x \geqslant -\dfrac{2}{3}\right\}$; (3) $\{x \mid x \geqslant -4 \text{ 且 } x \neq 2\}$.

4. (1) 不是. y_1 的定义域是 $\{x \mid x \neq -8\}$，y_2 的定义域是 $x \in$ **R**.

(2) 不是. y_1 的定义域是 $\{x \mid x \geqslant 1\}$，y_2 的定义域是 $\{x \mid x \geqslant 1 \text{ 或 } x \leqslant -1\}$.

(3) 不是. y_1 的定义域是 $\left\{x \mid x \geqslant \dfrac{5}{2}\right\}$，$y_2$ 的定义域是 $x \in$ **R**.

5. (1) $y \in [-3, 7]$; (2) $y \in [2, +\infty)$; (3) $y \in [-2, 1]$.

6. $f(3) = 14, f(a+1) = 3a^2 + a$.

7. (1) $f(2) = 3, f(3) = 8$; (2) $f(x) = x^2 - 1$.

8. 提示：由题意知 $ax^2 + ax + 1 \geqslant 0$ 对一切 x 成立，当 $a = 0$ 时，$1 \geqslant 0$ 显然成立；当 $a \neq 0$ 时，$\begin{cases} a > 0, \\ \Delta = a^2 - 4a \leqslant 0, \end{cases}$ 所以 $0 \leqslant a \leqslant 4$.

3.1.2 函数的表示法

1. 提示：这个函数的定义域集合是 $\{1, 2, 3, 4\}$，函数的解析式为 $y = 3x, x \in \{1, 2,$

$3,4\}$. 它的图象由 4 个孤立点 $A(1,3),B(2,6),C(3,9),D(4,12)$ 组成,如图所示:

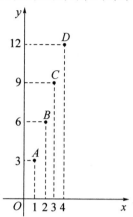

2. 4.

3. 6.

4. -3.

5. 提示:设 $f(x)=kx+b$, 则 $k(kx+b)+b=4x-1$,

则 $\begin{cases} k^2=4, \\ (k+1)b=-1 \end{cases} \Rightarrow \begin{cases} k=2, \\ b=-\dfrac{1}{3} \end{cases}$ 或 $\begin{cases} k=-2, \\ b=1. \end{cases}$

故 $f(x)=2x-\dfrac{1}{3}$ 或 $f(x)=-2x+1$.

6. 提示:

解法一(换元法) 令 $t=\sqrt{x}+1$, 则 $x=(t-1)^2,t\geqslant 1$ 代入原式有

$$f(t)=(t-1)^2+2(t-1)=t^2-1,$$

得 $\qquad\qquad f(x)=x^2-1(x\geqslant 1).$

解法二(定义法) 由 $x+2\sqrt{x}=(\sqrt{x}+1)^2-1$, 得 $f(\sqrt{x}+1)=(\sqrt{x}+1)^2-1$,而$\sqrt{x}+1\geqslant 1$, 因此 $f(x)=x^2-1(x\geqslant 1)$.

7. 已知 $2f(x)+f\left(\dfrac{1}{x}\right)=3x,$ ①

将①中 x 换成 $\dfrac{1}{x}$, 得 $2f\left(\dfrac{1}{x}\right)+f(x)=\dfrac{3}{x},$ ②

①×2−②得 $3f(x)=6x-\dfrac{3}{x}$, 故 $f(x)=2x-\dfrac{1}{x}$.

8. 根据"零点分段法"去掉绝对值符号,即

$$y=|x-1|+|x+2|=\begin{cases} -(2x+1), & x\leqslant -2, \\ 3, & -2<x\leqslant 1, \\ 2x+1, & x>1. \end{cases}$$

作出图象如下

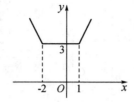

函数的值域为$[3,+\infty)$.

3.1 单元测试

1. C.

2. C.

3. B.

4. $\{0,1,4\}$.

5. $\{x|x\neq0\}$，$\{y|y\neq0\}$.

6. -2.

7. $\dfrac{1}{4}(x-2)^2-1$.

8. $\left\{x\middle|x\neq\dfrac{1}{2}\right\}$，$\{y|y\neq0\}$.

9. (1) $t(0)=3$；(2) $\{t|t\geqslant2\}$；(3) $y=\sqrt{x^2+2x+1}$，$x\in\mathbf{R}$.

10. 提示：$\begin{cases} -1\leqslant x-\dfrac{1}{4}\leqslant1, \\ -1\leqslant x+\dfrac{1}{4}\leqslant1, \end{cases}$ 故 $\left\{x\middle|-\dfrac{3}{4}\leqslant x\leqslant\dfrac{3}{4}\right\}$.

3.2 映射的概念

1. C.

2. (1) 是，(2) 不是，(3) 是.

3. 不是.

4. A.

5. (1) 是，(2) 是，(3) 是.

6. $A=\{-1,2,3\}$.

7. 4.

8. (1) $(0,9)$；(2) $\left(\dfrac{6}{17},\dfrac{9}{17}\right)$.

3.3 函数的基本性质

3.3.1 函数的单调性

1. 提示:函数 $y = f(x)$ 的单调区间有 $[-5, -2), [-2, 1), [1, 3), [3, 5]$,其中 $y = f(x)$ 在区间 $[-5, -2), [1, 3)$ 上是减函数,在区间 $[-2, 1), [3, 5]$ 上是增函数.

2. D.

3. B.

4. $f(-1) > f(\sqrt{2}) > f(1)$.

5. C.

6. 提示:设 x_1, x_2 是 **R** 上的任意两个实数,且 $x_1 < x_2$,则
$$f(x_1) - f(x_2) = (3x_1 + 1) - (3x_2 + 1) = 3(x_1 - x_2),$$
由 $x_1 < x_2$,得 $x_1 - x_2 < 0$,于是 $f(x_1) - f(x_2) < 0$,即 $f(x_1) < f(x_2)$.

因此 $f(x) = 3x + 1$ 在 **R** 上是增函数.

7. 提示:(1) 设 x_1, x_2 是 $[1, +\infty)$ 上的任意两个实数,且 $x_1 < x_2$,则
$$f(x_1) - f(x_2) = -x_1^2 + 2x_1 + x_2^2 - 2x_2 = (x_1 - x_2)(2 - x_2 - x_1).$$
由 $1 \leqslant x_1 < x_2$,得 $x_1 - x_2 < 0, 2 - x_1 - x_2 < 0$. 于是 $f(x_1) - f(x_2) > 0$,即 $f(x_1) > f(x_2)$.

因此 $f(x) = -x^2 + 2x$ 在 $[1, +\infty)$ 上是减函数.

(2) $f(x)_{\max} = f(2) = 0, f(x)_{\min} = f(6) = -24$.

8. 提示:$f(x) = x^2 - 2ax + 3 = (x - a)^2 + 3 - a^2$,对称轴 $x = a$,因此

若 $a \leqslant -2$,则 $f(x) = x^2 - 2ax + 3$ 在 $(-2, 2)$ 内是增函数;

若 $-2 < a < 2$,则 $f(x) = x^2 - 2ax + 3$ 在 $(-2, a)$ 内是减函数,在 $[a, 2)$ 内是增函数;

若 $a \geqslant 2$,则 $f(x) = x^2 - 2ax + 3$ 在 $(-2, 2)$ 内是减函数.

9. 提示:令 $m = n = 0$,得 $f(0) = 1$. 再令 $m = \dfrac{1}{2}, n = -\dfrac{1}{2}$,可得 $f\left(-\dfrac{1}{2}\right) = 0$.

10. 提示:当 $\dfrac{a}{2} \leqslant 0$ 时,$f_{\max}(0) = -\dfrac{a}{4} + \dfrac{1}{2} = 2$,得 $a = -6$;

当 $0 < \dfrac{a}{2} < 1$ 时,$f_{\max}\left(\dfrac{a}{2}\right) = -\dfrac{a^2}{4} + \dfrac{a^2}{2} - \dfrac{a}{4} + \dfrac{1}{2} = 2$,此时无解;

当 $\dfrac{a}{2} > 1$ 时,$f_{\max}(1) = -1 + a - \dfrac{a}{4} + \dfrac{1}{2} = 2$,得 $a = \dfrac{10}{3}$.

所以 $a = \dfrac{10}{3}$ 或 -6.

3.3.2 函数的奇偶性

1. B.

2. C.

3. -2.

4. -14.

5. A.

6. (1) 奇函数; (2) 偶函数; (3) 非奇非偶函数.

7. 提示: 由题意得 $f(x)$ 在 $(0,1)$ 和 $(-\infty,-1)$ 是小于零的. 故 $x+1<-1$ 或者 $0<x+1<1$, 从而 $x<-2$ 或 $-1<x<0$. 所以解集为 $\{x\mid x<-2$ 或 $-1<x<0\}$.

8. 提示: 由题意知 $f(x)$ 是 **R** 上是减函数, 故 $2a^2+a-3<2a^2-2a$. 即 $a<1$.

9. 提示: (1) 令 $x=y=0$, 得 $f(0)=0$. 由 $f(x-x)=f(x)+f(-x)=0$ 得 $f(x)=-f(-x)$, 故 $f(x)$ 为奇函数.

(2) $f(2)=f(1)+f(1)=6$, $f(3)=f(2)+f(1)=9$, $f(-3)=-f(3)=-9$.

3.3 单元测试

1. B.

2. B.

3. B.

4. C.

5. C.

6. C.

7. $[2,+\infty),(-\infty,2)$.

8. 1.

9. ①③.

10. 提示: 由 $f(x)-g(x)=\dfrac{1}{x+1}$, 得 $f(-x)-g(-x)=\dfrac{1}{-x+1}$, 即 $-f(x)-g(x)=\dfrac{1}{-x+1}$, 因此 $\begin{cases} f(x)=\dfrac{x}{x^2-1}, \\ g(x)=\dfrac{1}{x^2-1}. \end{cases}$

11. 当 $x=3$ 时, y 取最大值 3, 当 $x=6$ 时, y 取最大值 $\dfrac{3}{4}$.

12. 当 $x<0$ 时, $-x>0$, 故 $f(-x)=-x(1+x)=-x-x^2$. 因此当 $x<0$, $f(x)=-f(-x)=x+x^2$.

*3.4 反函数

1. C.

2. B.

3. D.

4. C.

5. $y=\dfrac{x+1}{2}$.

6. B.

7. D.

8. 提示：$y = \dfrac{1}{2}x - m$ 的反函数为 $y = 2(x+m)$. 通过比较系数即得 $m = 6, n = -2$.

9. 提示：$f(x) = ax + b$ 的反函数为 $f^{-1}(x) = \dfrac{1}{a}x - \dfrac{b}{a}$. 通过比较系数即得 $a = 1$, $b = 0$ 或 $a = -1, b \in \mathbf{R}$.

10. 提示：$(2,7)$ 在 $f(x)$ 上，所以 $a = 2$. 此时 $f(x) = 2 + \dfrac{5}{x-1}$.

值域为 $(-\infty, 2) \bigcup (2, +\infty)$.

3.5 指数与指数函数

3.5.1 有理数指数幂

1. ① -8；② 10；③ $\pi - 3$；④ $a - b$.

2. $8^{\frac{2}{3}} = (2^3)^{\frac{2}{3}} = 2^{3 \times \frac{2}{3}} = 2^2 = 4$，$100^{-\frac{1}{2}} = (10^2)^{-\frac{1}{2}} = \dfrac{1}{10}$，$\left(\dfrac{1}{4}\right)^{-3} = (2^2)^3 = 8$，

$\left(\dfrac{16}{81}\right)^{-\frac{3}{4}} = \left[\left(\dfrac{3}{2}\right)^4\right]^{\frac{3}{4}} = \left(\dfrac{3}{2}\right)^3 = \dfrac{27}{8}$.

3. $a^2 \cdot \sqrt{a} = a^2 \cdot a^{\frac{1}{2}} = a^{2 + \frac{1}{2}} = a^{\frac{5}{2}}$，

$a^3 \cdot \sqrt[3]{a^2} = a^3 \cdot a^{\frac{2}{3}} = a^{3 + \frac{2}{3}} = a^{\frac{11}{3}}$，$\sqrt{a\sqrt{a}} = (a \cdot a^{\frac{1}{2}})^{\frac{1}{2}} = (a^{\frac{3}{2}})^{\frac{1}{2}} = a^{\frac{3}{4}}$.

4. $a^{\frac{1}{5}} = \sqrt[5]{a}, a^{\frac{3}{4}} = \sqrt[4]{a^3}, a^{-\frac{3}{5}} = \sqrt[5]{a^{-3}} = \dfrac{1}{\sqrt[5]{a^3}}, a^{-\frac{2}{3}} = \sqrt[3]{a^{-2}} = \dfrac{1}{\sqrt[3]{a^2}}$.

5. (1) $4a$；(2) $m^2 n^3$.

6. $2^{\frac{15}{8}}$.

7. $\dfrac{3\sqrt{6}}{2}$.

8. $\dfrac{a^2 - 1}{a^2 + 1}$.

9. (1) 7，(2) $\sqrt{5}$，(3) $\pm 3\sqrt{5}$.

3.5.2 指数函数

1. B.

2. B.

3. D.

4. $(-\infty, 0]$.

5. $[9, +\infty)$.

6. $(1,4)$.

7. $x \leqslant -4$ 或 $x \geqslant 1$.

8. (1) $f(x) = \begin{cases} \left(\dfrac{1}{2}\right)^x - 1, & x \geqslant 0, \\ 2^x - 1, & x < 0. \end{cases}$ (2) 图略.

9. 提示：$|a^2 - a| = \dfrac{a}{2}$，故 $a = \dfrac{1}{2}$ 或 $\dfrac{3}{2}$.

10. 提示：(1) $x \in \mathbf{R}$. (2) $f(x) = \dfrac{a^x - 2}{a^x + 2} = 1 - \dfrac{4}{a^x + 2}$，当 $0 < a < 1$ 时，$f(x)$ 是减函数；当 $a > 1$ 时，$f(x)$ 是增函数.(3) 因为 $f(0) \neq 0$，故不是奇函数；由(2)知 $f(x)$ 是单调函数，故不可能是偶函数，故 $f(x)$ 是非奇非偶函数.

3.5 单元测试

1. A.

2. D.

3. B.

4. D.

5. C.

6. C.

7. D.

8. $\sqrt{2}$.

9. $<$.

10. $(-\infty, 0]$.

11. (1) $\dfrac{216}{343}$；(2) $a^{\frac{7}{8}} b^{-\frac{1}{8}}$.

12. $\{x \mid x \neq 0, 1\}$.

3.6   对数与对数函数

3.6.1   对数及其运算

1. C.

2. (1) 1；(2) 0；(3) -2.

3. $\dfrac{4}{5}$.

4. 1.

5. -12.

6. (1) -1；(2) 6.

7. $x = 3, \log_{\frac{1}{3}} x = -1$.

8. 解：因为 a, b, c 为正实数，令 $a^x = b^y = c^z = k > 0, k \neq 1$，

所以 $x = \dfrac{\lg k}{\lg a}, y = \dfrac{\lg k}{\lg b}, z = \dfrac{\lg k}{\lg c}$.

因为 $\dfrac{1}{x} + \dfrac{1}{y} + \dfrac{1}{z} = 0$.

所以 $\dfrac{\lg a + \lg b + \lg c}{\lg k} = \dfrac{\lg(abc)}{\lg k} = 0$.

所以 $abc = 1$.

3.6.2 对数函数

1. A.

2. A.

3. $(3,0)$.

4. $\left(\dfrac{1}{2}, 1\right) \bigcup (1, +\infty)$.

5. $\left[\dfrac{2}{3}, +\infty\right)$.

6. B.

7. (2)(3).

8. 提示：$f(x) = \log_2 \dfrac{x}{2} \cdot \log_2 \dfrac{4}{x} = (\log_2 x - 1) \cdot (2 - \log_2 x)$，令 $\log_2 x = t$，

$f(x) = -t^2 + 3t - 2, t \in \left[\dfrac{1}{2}, 3\right]$，故 $f_{\max} = \dfrac{1}{4}, f_{\min} = -2$.

9. 提示：(1) $x \in (-2, 2)$；(2) 因为 $h(x) = \lg(2 + x) + \lg(2 - x) = \lg(2 - x) + \lg(2 + x) = h(-x)$，所以 $h(x)$ 是偶函数.

3.6 单元测试

1. C.

2. C.

3. B.

4. D.

5. D.

6. A.

7. $\sqrt{2} - 1, 6$.

8. $\{x \mid 1 < x < 3, 且 x \neq 2\}$.

9. 10.

10. (1) $\dfrac{3}{2}$；(2) 1.

11. 提示：(1) 令 $\dfrac{2}{x} + 1 = t$，因此 $f(t) = \lg \dfrac{2}{t-1}$，即 $f(x) = \lg \dfrac{2}{x-1}, x \in (1, +\infty)$.

(2) 令 $f(x) = ax + b$, 所以 $3f(x+1) - 2f(x-1) = ax + 5a + b = 2x + 17$. 即 $a = 2, b = 7$. 故 $f(x) = 2x + 7$.

3.7 幂函数

1. D.
2. D.
3. D.
4. D.
5. $[0, +\infty)$.
6. $d < b < a = c$.
7. 提示: $\begin{cases} m^2 - m - 1 = 1, \\ m^2 - 2m - 1 < 0, \end{cases}$ $m = 2$.
8. 提示: (1) $m = 1$; (2) $f(x)$ 是奇函数(利用定义); (3) $f(x)$ 是增函数, 证明略.

3.8 函数与方程

3.8.1 函数的零点

1. C.
2. B.
3. A.
4. D.
5. C.
6. C.
7. (1) $-1, 3$; (2) $f(x) = (x-3)(x+1)$.
8. 提示: (1) 由条件知: $\Delta = (-4m)^2 - 8(m-1)(2m-1) = 0$, 得 $m = \dfrac{1}{3}$.

(2) 函数一个零点在原点即 $x = 0$ 为其方程的一个根, 故有 $2(m-1) \times 0^2 - 4m \cdot 0 + 2m - 1 = 0$, 所以 $m = 0.5$.

9. 提示: (1) 由 $f(2) = 0$ 得: $4a + 2b = 0$, 方程 $f(x) = x$, 即 $ax^2 + (b-1)x = 0$.

所以 $\Delta = (b-1)^2 = 0$, 解以上两个方程, 得 $\begin{cases} a = -\dfrac{1}{2}, \\ b = 1, \end{cases}$ 故 $f(x) = -\dfrac{1}{2}x^2 + x$.

(2) $f(x) = -\dfrac{1}{2}x^2 + x = -\dfrac{1}{2}(x-1)^2 + \dfrac{1}{2} \leqslant \dfrac{1}{2}$, 故 $2n \leqslant \dfrac{1}{2}$, $n \leqslant \dfrac{1}{4}$, 所以函数 $f(x)$ 在 $[m, n]$ 上是增函数.

故 $\begin{cases} f(m) = -\dfrac{1}{2}m^2 + m = 2m, \\ f(n) = -\dfrac{1}{2}n^2 + n = 2n, \end{cases}$ 解得 $m = 2, n = 0$.

*3.8.2 二分法与方程的近似解

1. C.

2. D.

3. D.

4. 提示:由计算器可算得 $f(2)=-1,f(3)=16,f(2.5)=5.625,f(2)\cdot f(2.5)<0$,所以下一个有根区间是 $[2,2.5]$.

5. 提示:设 $f(x)=\lg x+x-3$,用计算器,得 $f(2)<0,f(3)>0\Rightarrow x\in(2,3)$,
$f(2.5)<0,f(3)>0\Rightarrow x\in(2.5,3),f(2.5)<0,f(2.75)>0\Rightarrow x\in(2.5,2.75)$,
$f(2.5)<0,f(2.625)>0\Rightarrow x\in(2.5,2.625)$,
$f(2.562\,5)<0,f(2.625)>0\Rightarrow x\in(2.562\,5,2.625)$.

因为 $2.562\,5$ 与 2.625 精确到 0.1 的近似值都为 2.6,所以原方程的近似解为 $x\approx2.6$.

6. -3.

7. 提示:画出 $|1-x|$ 的图象,讨论 k 的取值,当 $k<-\dfrac{1}{2}$ 或者 $k\geqslant\dfrac{1}{2}$ 或者 $k=0$ 时,有一个实根;$0<k<\dfrac{1}{2}$ 时,有两个实根;$-\dfrac{1}{2}<k<0$ 时,无实根.

3.8 单元测试

1. D.

2. A.

3. D.

4. B.

5. B.

6. B.

7. -4 或 5.

8. $\left[2,\dfrac{5}{2}\right]$.

9. 3.

10. ④.

11. 提示:(1) 由 $\begin{cases}m+1\neq0,\\ \Delta=16m^2-8(m+1)(2m-1)>0\end{cases}$ 得 $m<1$ 且 $m\neq-1$;

(2) 由 $\begin{cases}\Delta\geqslant0,\\ \dfrac{-4m}{4(m+1)}>0\end{cases}$ 得 $-1<m<0$.

3.9 函数模型及其应用

1. A.

2. $\dfrac{79}{16}$. 提示:易得 $k=4,a=3$. 由 $4t=\dfrac{1}{4}$ 得 $t=\dfrac{1}{16}$,由 $\left(\dfrac{1}{2}\right)^{t-3}=\dfrac{1}{4}$ 得 $t=5$. 则有 $5-\dfrac{1}{16}=\dfrac{79}{16}$.

3. ②.

4. 解:(1) 依据题意有 $y_1=(10-a)x-30,0\leqslant x\leqslant 200,x\in\mathbf{N}$, $y_2=-0.05x^2+10x-50,0\leqslant x\leqslant 120,x\in\mathbf{N}$. (2) 因为 $10-a>0$,所以 $y_1=(10-a)x-30$,在 $[0,200]$ 上是增函数,所以 $(y_1)_{\max}=(10-a)\times 200-30=1\,970-200a$. 因为 $y_2=-0.05(x-100)^2+450$,所以当 $x=100\in[0,120]$ 时,$(y_2)_{\max}=450$. (3) 令 $1\,970-200a=450$,得 $a=7.6$ 时,投资甲、乙两种产品均可. 当 $4\leqslant a<7.6$ 时,因为 $1\,970-200a>450$,故投资甲产品获利最大;当 $7.6<a\leqslant 8$ 时,因为 $1\,970-200a<450$,故投资乙产品获利最大.

5. 提示:现有细胞 100 个,先考虑经过 1,2,3,4 个小时后的细胞总数.

1 小时后,细胞总数为 $\dfrac{1}{2}\times 100+\dfrac{1}{2}\times 100\times 2=\dfrac{3}{2}\times 100$;

2 小时后,细胞总数为 $\dfrac{1}{2}\times\dfrac{3}{2}\times 100+\dfrac{1}{2}\times\dfrac{3}{2}\times 100\times 2=\dfrac{9}{4}\times 100$;

3 小时后,细胞总数为 $\dfrac{1}{2}\times\dfrac{9}{4}\times 100+\dfrac{1}{2}\times\dfrac{9}{4}\times 100\times 2=\dfrac{27}{8}\times 100$;

4 小时后,细胞总数为 $\dfrac{1}{2}\times\dfrac{27}{8}\times 100+\dfrac{1}{2}\times\dfrac{27}{8}\times 100\times 2=\dfrac{81}{16}\times 100$.

可见,细胞总数 y 与时间 x(小时)之间的函数关系为:$y=100\times\left(\dfrac{3}{2}\right)^x,x\in\mathbf{N}^*$.

由 $100\times\left(\dfrac{3}{2}\right)^x>10^{10}$,得 $\left(\dfrac{3}{2}\right)^x>10^8$,两边取以 10 为底的对数,得 $x\lg\dfrac{3}{2}>8$.

得 $x>\dfrac{8}{\lg 3-\lg 2}$,因为 $\dfrac{8}{\lg 3-\lg 2}=\dfrac{8}{0.477-0.301}\approx 45.45$,所以 $x>45.45$.

答:经过 46 小时,细胞总数超过 10^{10} 个.

6. 提示:设长宽分别为 x,y,故面积 $S=xy$. 且满足 $2(x+y)=L$,所以 $S=x(L/2-x)$.

当 $x=y=L/4$ 时,面积最大.

7. 提示:表中已给出了二次函数模型 $y=ax^2+bx+c$,由表中数据知,二次函数的图象上存在三点 $(4,7),(6,11),(8,7)$,则

$$\begin{cases}7=a\cdot 4^2+b\cdot 4+c,\\11=a\cdot 6^2+b\cdot 6+c,\\7=a\cdot 8^2+b\cdot 8+c.\end{cases}$$

解得 $a=-1,b=12,c=-25$,即 $y=-x^2+12x-25$.

$\dfrac{y}{x}=-x+12-\dfrac{25}{x}=-\left(x+\dfrac{25}{x}\right)+12\leqslant -10+12=2$,当且仅当 $x=\dfrac{25}{x}$ 即 $x=5$ 时取等号. 即 $x=5$,故选 B.

第三章综合测试

1. $\sqrt{1-4a}$.

2. $y=\sqrt{x^2}$.

3. $\dfrac{1+5x}{x^2}(x\neq 0)$.

4. $2^{\frac{1}{2}}<3^{\frac{1}{3}}<\left(\dfrac{2}{3}\right)^{-1}$.

5. 3.

6. $\left(-\dfrac{1}{3},1\right)$.

7. $[1,2]$.

8. $m<1$.

9. 1.

10. -1.

11. $\left(-\dfrac{1}{2},\dfrac{2}{3}\right)$.

12. 1.

13. $(0,+\infty)$.

14. $\sqrt{3}$.

15. $(-\infty,-2)\bigcup(6,+\infty)$.

16. ①②③.

17. 解:(1) 在区间 $(-1,1)$ 上任取 x,则 $f(x)+f(-x)=0$,$f(x)+f(-x)=$ $\lg\dfrac{1-x}{1+x}+\lg\dfrac{1+x}{1-x}=\lg\left(\dfrac{1-x}{1+x}\times\dfrac{1+x}{1-x}\right)=\lg 1=0$,所以 $f(x)=-f(-x)$,所以 $f(x)$ 为奇函数.(2) 因为 $f(x)\leqslant 1$,则 $\lg\dfrac{1-x}{1+x}\leqslant\lg 10$,所以 $\dfrac{1-x}{1+x}\leqslant 10$,考虑 $\dfrac{1-x}{1+x}>0$,解得 $-1<x<1$,所以 $1-x\leqslant 10+10x$,解得 $x\geqslant-\dfrac{9}{11}$,所以实数 x 的取值范围为 $-\dfrac{9}{11}<x<1$.

18. (1) 原式 $=\log_2\dfrac{\sqrt{7}}{\sqrt{48}}+\log_2 12-\log_2\sqrt{42}-\log_2 2$

$$=\log_2\dfrac{\sqrt{7}\times 12}{\sqrt{48}\times\sqrt{42}\times 2}=\log_2\dfrac{1}{2\sqrt{2}}=\log_2 2^{-\frac{3}{2}}=-\dfrac{3}{2}.$$

(2) 原式 $=\lg 2(\lg 2+\lg 50)+\lg 25=2\lg 2+\lg 25=\lg 100=2$.

(3) 原式 $=\left(\dfrac{\lg 2}{\lg 3}+\dfrac{\lg 2}{2\lg 3}\right)\cdot\left(\dfrac{\lg 3}{2\lg 2}+\dfrac{\lg 3}{3\lg 2}\right)=\dfrac{3\lg 2}{2\lg 3}\cdot\dfrac{5\lg 3}{6\lg 2}=\dfrac{5}{4}$.

19. 根据题意,由 $f(3)=1$,得 $f(9)=f(3)+f(3)=2$.

又 $f(x)+f(x-8)=f[x(x-8)]$,故 $f[x(x-8)]\leqslant f(9)$.

因为 $f(x)$ 在定义域 $(0,+\infty)$ 上为增函数,所以

$$\begin{cases} x > 0, \\ x - 8 > 0, \\ x(x-8) \leqslant 9, \end{cases} \quad \text{解得 } 8 < x \leqslant 9.$$

20. 设四边形 $EFGH$ 的面积为 S，则 $S_{\triangle AEH} = S_{\triangle CFG} = \dfrac{1}{2}x^2$，

$$S_{\triangle BEF} = S_{\triangle DGH} = \dfrac{1}{2}(a-x)(b-x),$$

故 $S = ab - 2\left[\dfrac{1}{2}x^2 + \dfrac{1}{2}(a-x)(b-x)\right] = -2x^2 + (a+b)x = -2\left(x - \dfrac{a+b}{4}\right)^2 + \dfrac{(a+b)^2}{8}.$

由图形知函数的定义域为 $\{x \mid 0 < x \leqslant b\}$.

又 $0 < b < a$，所以 $0 < b < \dfrac{a+b}{2}$，若 $\dfrac{a+b}{4} \leqslant b$，即 $a \leqslant 3b$ 时，则当 $x = \dfrac{a+b}{4}$ 时，S 有最大值 $\dfrac{(a+b)^2}{8}$；

若 $\dfrac{a+b}{4} > b$，即 $a > 3b$ 时，$S(x)$ 在 $(0, b]$ 上是增函数，此时当 $x = b$ 时，S 有最大值为 $-2\left(b - \dfrac{a+b}{4}\right)^2 + \dfrac{(a+b)^2}{8} = ab - b^2$.

综上可知，当 $a \leqslant 3b$，$x = \dfrac{a+b}{4}$ 时，四边形面积 $S_{\max} = \dfrac{(a+b)^2}{8}$；当 $a > 3b$，$x = b$ 时，四边形面积 $S_{\max} = ab - b^2$.